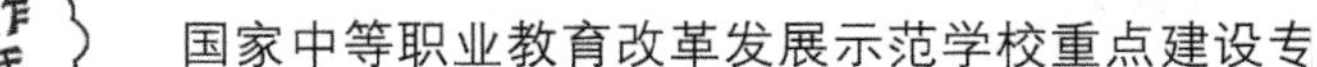

RobotStudio 6.06

工业机器人
基础技能实操

GONGYE JIQIREN JICHU JINENG SHICAO

主　编：　唐洪涛

副主编：　王骏明　傅海明

参　编：　郭黎丽　曾　强　屈利斋

镇　江

图书在版编目（CIP）数据

工业机器人基础技能实操 / 唐洪涛主编. — 镇江 ：江苏大学出版社，2018.7
ISBN 978-7-5684-0850-9

Ⅰ. ①工… Ⅱ. ①唐… Ⅲ. ①工业机器人－高等职业教育－教材 Ⅳ. ①TP242.2

中国版本图书馆 CIP 数据核字（2018）第 127109 号

工业机器人基础技能实操

主　　编/唐洪涛
责任编辑/吴蒙蒙
出版发行/江苏大学出版社
地　　址/江苏省镇江市梦溪园巷 30 号（邮编：212003）
电　　话/0511-84446464（传真）
网　　址/http：//press. ujs. edu. cn
排　　版/镇江市江东印刷有限责任公司
印　　刷/虎彩印艺股份有限公司
开　　本/787 mm×1 092 mm　1/16
印　　张/11.5
字　　数/273 千字
版　　次/2018 年 7 月第 1 版　2018 年 7 月第 1 次印刷
书　　号/ISBN 978-7-5684-0850-9
定　　价/35.00 元

前　言

与工业机器人的缘分始于2008年江苏省政府的某个职业教育师资领航计划，编者赴奥地利参加一个为期80多天的以机器技术为核心的研修项目，第一次接触到了工业机器人，经历了成百台大型机器人协同工作的震撼场面，认识到工业机器人这种机电一体化设备应用于现代化工业大生产中的美好前景及可以预期的不可替代作用。从那时起，编者就对工业机器人产生兴趣，一直在考虑在职业学校中建设实验室、开办机器人专业，不是为了设计研发机器人，而是单纯以工业机器人应用为核心培养技术人才，这也符合职业技术院校、技工院校办学的初衷。

2011年依托于学校的中职示范建设项目采购了第一台ABB机器人，建设了第一个工业机器人实验室，2013年第一个5年制高级工班开始招生。2016年4月6日国务院首次提出《中国制造2025》长远规划，由此发现我们努力的方向与国家发展战略日渐契合，开始策划编写一本适用于高级工、高职高专的实践教材，帮助工业机器人应用专业的学生解决机器人实操入门的问题。

本书依托编者5年的教学实践，结合理实一体化教学的目标，考虑教学资源获取的难易程度，以ABB机器人为主要参考，采用任务驱动式组织方式编写，内容上循序渐进，从工业机器人的认知到最基本操作，再到机器人的简单调试，最后以一个综合性项目将前期所涉及的所有任务要求关联起来，以保证学习者对机器人从基本认知到基础操作再到简单应用有一个全面的掌握。本书可作为工业机器人专业的入门教材，推荐实训周期为4周或12学时。

本书由江苏省交通技师学院唐洪涛主编，王骏明、傅海明任副主编，郭黎丽、曾强、屈利斋参加了编写工作。正是各位老师的全力配合和卓越工作才得以保证本书顺利出版，在此表示感谢！

由于机器人专业是新兴专业，相关参考资料较少，限于编者业务水平和教学经验，书中难免有不妥之处，使用效果如何还需要在今后的教学实践中验证，并通过磨合持续改进。恳切希望使用本书的读者提出宝贵意见！

编　者

2018年3月

目　录

项目一 工业机器人基础

项目要求

1. 掌握工业机器人的基本概念，了解工业机器人应用及发展概况；
2. 了解工业机器人的常见分类及分类方法；
3. 了解工业机器人系统的组成；
4. 熟悉工业机器人运动轴与坐标系的相关知识。

任务一 工业机器人的认知

一、什么是工业机器人

机器人不等同于人形机器。工业机器人同样与我们在影视作品中所见的形象大不相同，工业机器人的外观与人相去甚远。从功能上来定位，工业机器人主要是代替人类完成工业生产领域工作的机器。我国将工业机器人定义为“一种自动化的机器，所不同的是这种机器具备一些与人或者生物相似的智能能力，如感知能力、规划能力、动作能力和协同能力，是一种具有高度灵活性的自动化机器”；国际标准化组织（ISO）将工业机器人定义为“一种能自动控制，可重复编程，多功能、多自由度的操作机，能搬运材料、工件或操持工具来完成各种作业”。

广义地说，工业机器人是一种在计算机控制下的可编程的自动机器。它具有以下4个基本特征：

① 特定的机械机构，其动作具有类似于人或者其他生物的某些器官（肢体、神经等）的功能；

② 通用性，可从事多种工作，可灵活改变动作程序；

③ 不同程度的智能，如记忆、感知、推理、决策、学习等；

④ 独立性，完整的机器人系统在工作中可以不依赖人的干预。

二、工业机器人的应用

我国工业生产领域尤其是制造业存在人力资源成本激增的现象。国家的工业 4.0 发展战略、中国制造 2025、智能制造等发展理念全面推广，其核心就是利用现代化、自动化、智能化的生产设备把人从繁重、危险、烦琐的生产劳动中解放出来，既解决了工业发展人力资源不足的问题，又节能增效、提高产品质量稳定性，为传统工业焕发青春提供保障。

工业机器人主要应用在搬运、码垛、焊接、涂装、装配等方面。

1. 机器人搬运

机器人搬运作业是通过在工业机器人末端安装各种装夹工具，经过编程实现工件的上下料、自动流水线装配。目前，机器人搬运作业有众多成熟的解决方案，在食品、医药、化工、金属加工等领域均有广泛的应用，主要涉及物料输送、周转、仓储等环节，可提高效率、有效控制次品率。机器人在搬运作业中的应用如图 1-1 所示。

图 1-1 FANUC 机器人搬运工作站

2. 机器人码垛

机器人末端安装板式、吸盘式、夹抓式或托盘夹具，可以按照要求的编组方式完成对袋装、块状或箱体等产品的码垛。它广泛用于化工、建材、食品等行业的物料堆放。机器人码垛作业应用如图 1-2 所示。

图 1-2 FANUC 机器人码垛工作站

3. 机器人焊接

工业机器人与焊机配合，末端加装弧焊焊机枪或点焊焊钳组成自动化焊接工作站系统，可以满足汽车、工程机械等生产领域对钣金件的批量化焊接加工的需要。自动化的机器人焊接能够自由灵活地实现各种复杂三维加工轨迹。图 1-3 为机器人弧焊应用，图 1-4 为机器人点焊应用。

图 1-3　机器人弧焊工作站

图 1-4　机器人点焊工作站

4. 机器人涂装

喷涂机器人柔性对应各种类型工件，支持程序编辑，特别适用于汽车保险杠、轮毂、汽车内饰件、汽车仪表盘等汽车配件产品的喷涂；同时适用于笔记本、电脑、电视、数码相机、显示器、LCD 面板外壳等多凸凹件的喷涂。典型机器人喷涂工作站如图 1-5 所示。

图 1-5　机器人喷涂工作站

5. 机器人装配

装配机器人精度高、柔顺性好，主要应用于各种电子装配领域中的流水线组装作业，通过选择不同的工具可适应多种装配对象。图 1-6 所示为 ABB 公司生产的世界首款可实现人机协作的装配机器人 YUMI。

图 1-6　ABB 人机协作装配机器人 YUMI

三、工业机器人的分类

国际上没有统一的工业机器人分类标准，可以按照控制方式、自由度、结构、应用领域等划分。比较常见的是按照机器人的结构特征划分，划分的依据是工业机器人的坐标特性，通常可分为直角坐标系机器人（见图 1-7）、柱面坐标系机器人（见图 1-8）、球面坐标系机器人（见图 1-9）和关节坐标系机器人（水平多关节机器人见图 1-10，六轴多关节机器人见图 1-11）。

图 1-7　直角坐标系机器人

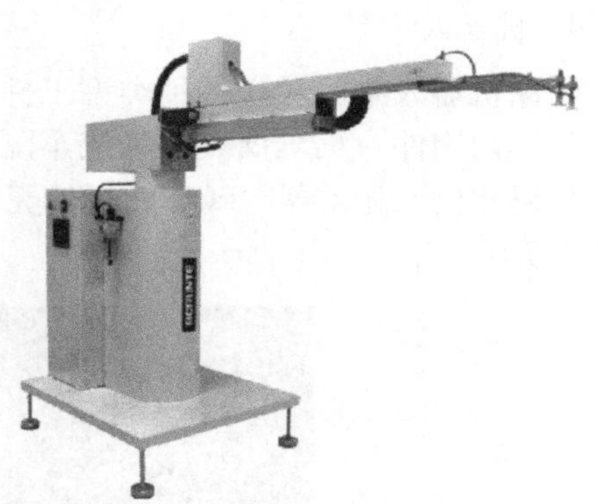

图 1-8　柱面坐标系机器人

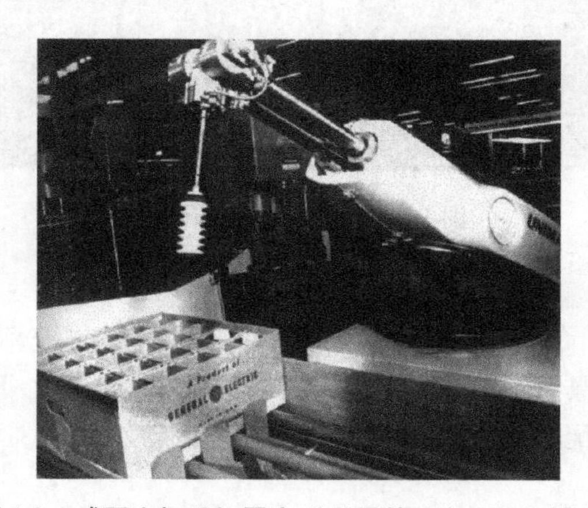

图 1-9　球面坐标系机器人（世界第一台工业机器人）

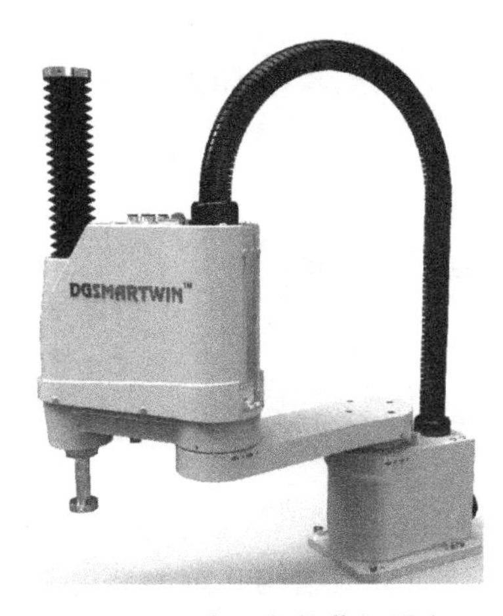

图 1-10　水平多关节机器人

图 1-11　六轴多关节机器人

四、我国工业机器人行业发展概况

我国工业机器人起步于 20 世纪 70 年代初，其发展过程大致可分为三个阶段：20 世纪 70 年代为萌芽期；20 世纪 80 年代为开发期；20 世纪 90 年代开始进入实用化期，而今已经初具规模。当前我国已生产出部分机器人关键元器件，开发出弧焊、点焊、码垛、装配、搬运、注塑、冲压、喷漆等工业机器人。

我国自 2013 年起已成为全球最大的机器人消费国，国产工业机器人产量也出现爆发式增长，国产工业机器人产量 2016 年已达 7.24 万台，但市场份额仅占约 30%，且以低端产品为主，高端机器人严重依赖进口。同时，减速机、伺服电机、控制器等关键零部件主要也依赖进口。

目前全国已建成和在建的机器人产业园区超过了 40 个，机器人企业的数量超过了 800 家。但实际情况却是这 800 多家企业中，将近一半企业是没有经营产品的，剩下的一半企业里有 70%~80% 是在代理别人的产品，真正能自主生产零部件或机器人产品的仅 100 家左右。

减速器作为工业机器人关键零部件，按结构不同可以分为五类：谐波齿轮减速器、摆线针轮减速器、RV 减速器、精密减速器和滤波齿轮减速器。目前，世界上 75% 的精密减速器市场被日本的哈默纳科和纳博特斯克占领。

伺服电机可以将电压信号转化为转矩和转速以驱动控制对象，相当于工业机器人的“神经系统”。国内伺服电机市场中，松下、三菱、安川等日系品牌占比达到 45%，西门子、博世、施耐德等欧系品牌市场份额占比在 30% 左右，国产品牌占比不到 10%。

我国伺服电机厂家主要有南京埃斯顿自动化股份有限公司、广州数控设备有限公司、深圳市汇川技术股份有限公司等。

工业机器人的控制器的功能是发布和传递动作指令。控制器包括硬件和软件两部分：硬件指工业控制板卡，包括主控单元、信号处理部分等电路；软件主要指控制算法、二次开发平台。成熟机器人厂商一般自行开发控制器。国内控制器市场中，发那科、安川、ABB 占据近 40% 的份额。国产控制器硬件方面差距不大，软件方面差距明显。

总之，我国工业机器人产业发展还有很长的道路要走，只有逐步消化吸收，才能缩小与发达工业国家之间的差距，最终形成成熟的产业体系，助力“中国制造2025”发展战略。

任务二　工业机器人系统

一、工业机器人系统组成

工业机器人由三大部分六个子系统组成（见图1-12）。三大部分分别为机械部分、传感部分和控制部分。六个子系统分别是驱动系统、机械结构系统、感受系统、机器人－环境交互系统、人机交互系统和控制系统。

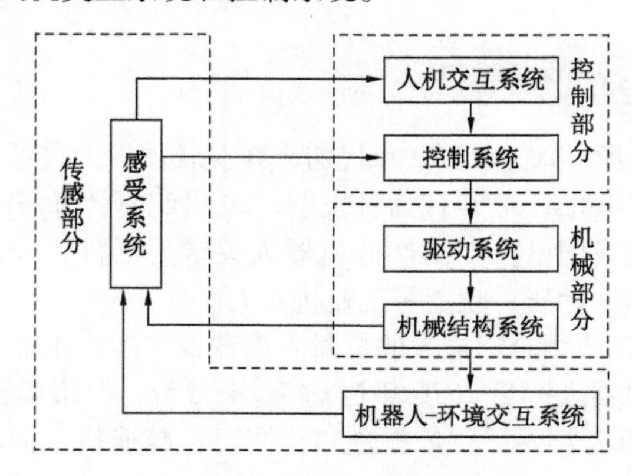

图1-12　机器人系统组成

1. 驱动系统

驱动系统是为驱动机器人每个自由度安装的传动装置。从动力源的角度，驱动系统可以分为液压传动、气动传动、电动传动，或者是三种方式的综合应用系统；从作用方式上分，驱动系统可以是直接驱动，也可以是通过机械传动机构实现的间接驱动。

2. 机械结构系统

机械结构系统是由基座、手臂、末端操作器（手爪、吸盘、喷枪、焊具等装夹工具）三大部分构成的一个多自由度的系统。

3. 感受系统

感受系统是用来获取内部和外部环境各种有意义的状态信息的系统，用以保障机器人的机动性和适应性，一般由内部传感器模块和外部传感器模块组成。

4. 机器人－环境交互系统

机器人－环境交互系统是用以实现机器人与外部环境中的设备通信和协调的系统。借助这个系统，工业机器人可以与外部设备集成为一个完整的功能单元（工作站），比如装配单元、焊接单元等。

5. 人机交互系统

人机交互系统是编程人员与机器人通信并实现互动的系统，按信息流向可分为输入系统（键盘、触控设备）和输出系统（显示器、显示屏）。

6. 控制系统

控制系统的主要任务是根据程序、指令及传感器采集的信息来协调、控制执行单元完成规定的动作和功能，工业机器人的控制系统一般为带反馈的闭环控制系统。根据控制运动的形式，可分为点位控制和轨迹控制。

本书所涉及的各项目以ABB机器人平台展开，图1-13为平台核心部分IRB120型机器人的系统组成。

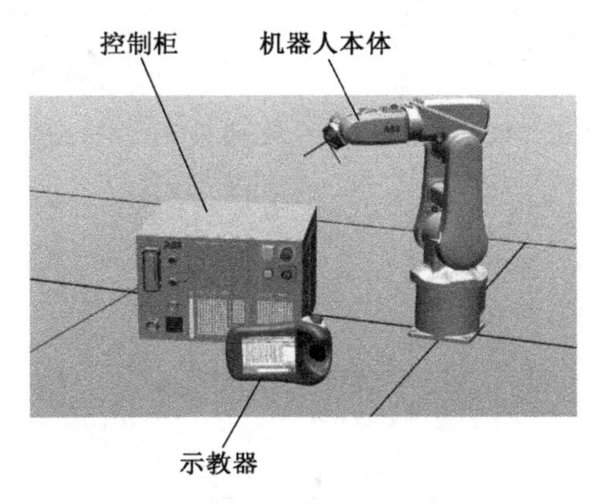

图1-13　IRB120型机器人组成

二、技术参数

1. 自由度（Degrees of Freedom）

自由度是指机器人本体所具有的独立坐标轴运动的数目，不包括手爪的开合自由度。三维空间中描述一个物体的位置和姿态需要6个自由度。从运动学角度来看，在完成某一特定作业时，机器人具有多余的自由度（冗余自由度）可以改善其动力性能并增加灵活性、避障能力，通俗地讲就是变得更加灵巧。比如ABB最新的装配机器人双臂14个自由度，可实现人机协同工作。机器人的动作从运动形式上分为直线运动（线性运动）和旋转运动（轴运动），与自由度数量没有直接关系。

2. 精度（Accuracy）

工业机器人精度包括两个部分：定位精度和重复定位精度。定位精度是指机器人手臂末端实际到达位置与目标位置之间的偏差。重复定位精度是指机器人将其手臂末端重复定位于同一位置的偏离程度，可以用标准差来表示，衡量的是一系列偏差值的密集度。

3. 工作范围（Work Space）

工作范围又称工作区域，是指机器人手臂末端或手腕中心点所能达到的所有点位的集合。工作范围的形状和大小对于工作站的设计十分重要，主要是考虑如何在作业的时候规避作业死区。图 1-14 ~图 1-16 为 IRB120 型机器人的工作范围三视图。

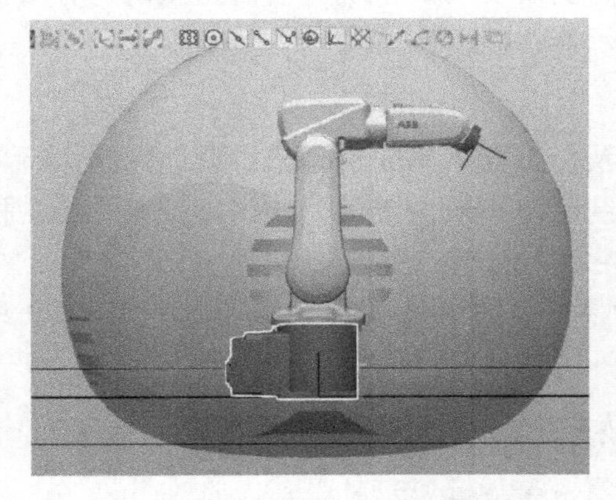

图 1-14　关节型机器人工作范围主视图

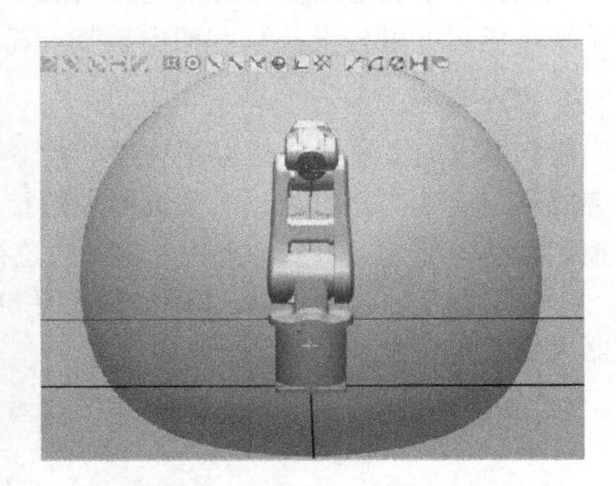

图 1-15　关节型机器人工作范围左视图

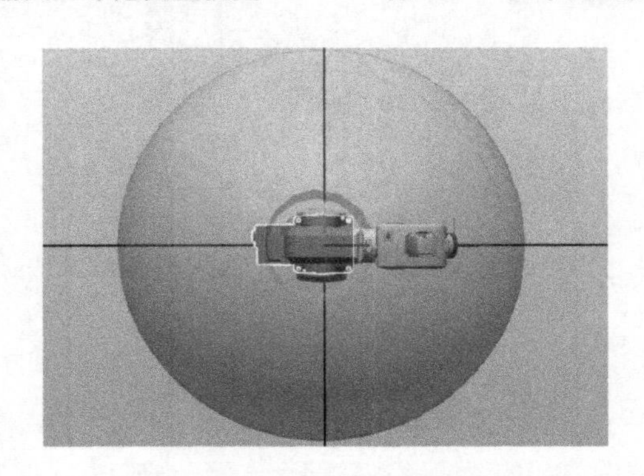

图 1-16　关节型机器人工作范围俯视图

4. 速度（Speed）

速度和加速度是表明工业机器人运动特性的主要指标。由于驱动器的输出功率限制，工业机器人从启动到达最大稳定速度或从最大稳定速度到停止都需要一定的时间，所以在实际应用中不能单纯地考虑最大稳定速度，同时还要考虑极限加速度。如果最大稳定速度大，允许的极限加速度小，则加减速的时间就会长一些，对应的有效速度就会小一些；反之，如果最大稳定速度小，允许的极限加速度大，则加减速的时间就会短一些，有效速度就会提高。此外，还要考虑因加速或减速过快而可能引起的定位时的超调或振荡加剧现象。以 ABB IRB120 型机器人为例，其 TCP 最大稳定速度（最大速度）为 6.2 m/s，极限加速度（最大加速度）为 28 m/s^2。

5. 承载能力（Payload）

承载能力是指机器人在工作范围内的任何位姿上所能承受的最大质量。承载能力与负载的质量，以及机器人运行的速度和加速度的大小和方向有关。承载能力这一技术指标是指高速运行时的承载能力，计算时要累加工具质量和工件质量。例如，IRB120 型机器人的承载能力为 3 kg，就意味着加装的工具和被夹持工件总质量不超过 3 kg。

任务三　工业机器人的坐标与坐标系

一、工业机器人的坐标

1. 直角坐标（Cartesian Coordinates）

笛卡儿坐标系就是直角坐标系和斜角坐标系的统称。两条数轴互相垂直的笛卡尔坐标系，称为笛卡尔直角坐标系，否则称为笛卡尔斜角坐标系。直角坐标系对应着直角坐标工业机器人，由 3 个关节组成，这 3 个关节用来确定末端操作机的位置，通常还带有附加的旋转关节来确定末端操作器的姿态。直角坐标工业机器人在 X，Y，Z 轴上的运动是独立的，且运动方程都是线性的，精度和位置分辨率不随工作场合变化而变化，容易达到高精度；缺点是操作范围小，占地面积大，密封性不好。

2. 柱面坐标（Cylindrical Coordinates）

柱面坐标是一种三维坐标系统，它是二维极坐标系沿 Z 轴的延伸。添加的第三个坐标专门用来表示点 P 至 XY 平面的距离。柱面坐标机器人由两个滑动关节和一个旋转关节来确定工具中心点（Tool Center Point，TCP）的位置和姿态。其工作范围呈圆柱形，优点是直线部分可输出较大动力，能够伸入型腔式机器人内部，缺点是手臂可以到达的空间受到限制，直线驱动部分难以密封，手臂后端容易发生碰撞。

3. 球面坐标（Spherical Coordinates）

球面坐标，又称空间极坐标，是三维坐标系的一种，由二维极坐标系扩展而来，用以确定三维空间中点、线、面、体的位置，它以坐标原点为参考点，由方位角、仰角和距离构成。球面坐标系机器人用一个滑动关节和两个旋转关节来确定 TCP 的位置，可以绕中心轴旋转，覆盖工作空间较大；缺点是坐标复杂难于控制，同样也存在密封及工作死区问题。球面坐标系机器人现在很少使用。早期通用汽车使用的工业机器人采用的就是球面坐标。

4. 关节坐标（Joint Coordinates）

关节坐标系是设定在工业机器人关节中的坐标系。关节坐标系中工业机器人的位置和姿态，以各关节底座侧的关节坐标系为基准而确定，一般以各关节的旋转角度来表示一个空间点的位置和姿态。例如，六轴关节机器人的 TCP 位姿就需要 6 个角度偏转值来确定。关节机器人是目前最常见的工业机器人。

5. 平面关节坐标（Plane Joint Coordinates）

平面关节坐标可以看作关节坐标的特例，对应的关节坐标机器人一般只有平行的肩关节和肘关节，关节轴线共面。当前使用较多的平面关节型机器人（Selective Compliance Assembly Robot Arm，SCARA）一般有两个并联的旋转关节，使机器人可以平面运动。另外再附加一个滑动关节做垂直运动，特点是在 XY 平面上的运动具有较好的柔性，Z 轴的垂直运动具有很强的刚性。平面关节型机器人具有空间选择柔性，非常适合执行搬运、焊接和装配等重复性任务，因此在工业生产中得到广泛应用。

二、工业机器人的参考坐标系

机器人的运动通常在以下几种参考坐标系中完成。

1. 全局参考坐标系

全局参考坐标系也称世界坐标系或是大地坐标系，是一种通用坐标系，由 X，Y，Z 轴定义。其本质上是直角坐标系，通常用来定义机器人相对于其他物体的运动或是相对于与机器人通信的其他部件的运动及相应的运动路径。对于单机器人工作站，坐标原点一般设在机器人底座中心点，如图 1-17 所示。

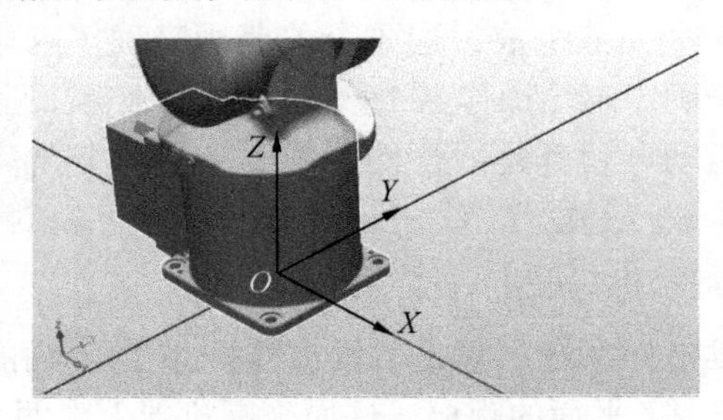

图 1-17　机器人大地坐标系

2. 关节参考坐标系

关节参考坐标系简称关节坐标系，用来描述机器人每一个关节的运动。由于所用的关节类型不同，机器人的关节动作也不同，目前大部分机器人为旋转关节，对应关节运动就是绕着关节的轴旋转运动。关节轴坐标系如图 1-18 所示。

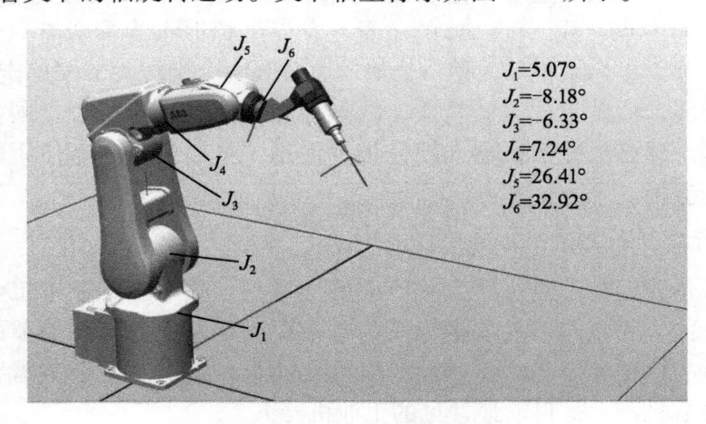

图 1-18　机器人关节轴坐标系

3. 工具参考坐标系

工具参考坐标系简称工具坐标系，属于直角坐标系范畴，描述了机器人手臂相对于机器人工具中心点的运动。以 ABB 系列机器人为例，坐标原点位于工具中心点，Z 轴垂直于工具的工作面，X 轴与 Y 轴位于工具工作面上。工业机器人工具坐标系如图 1-19 所示。

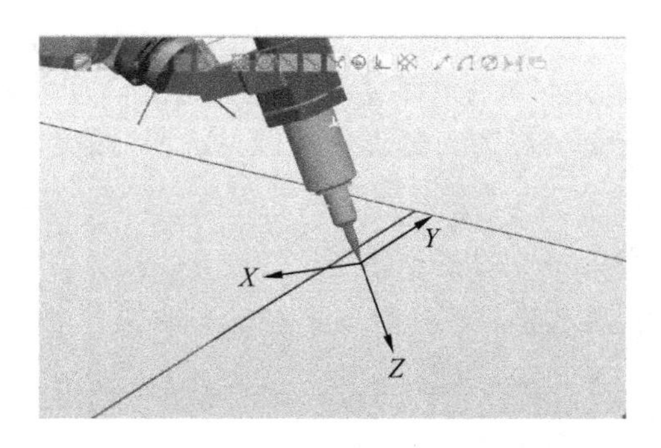

图 1-19　机器人工具坐标系

4. 用户参考坐标系

用户参考坐标系简称用户坐标系，同样属于直角坐标系范畴，是为了作业方便，用户自行定义的坐标系。用户坐标系可根据用户需要定义工作台坐标系和工件坐标系等多个坐标系，当机器人有多个工作台时，使用用户坐标系编程操作会更加简便，图 1-20 就是以工作台为参考的用户坐标，也可称为工件坐标。

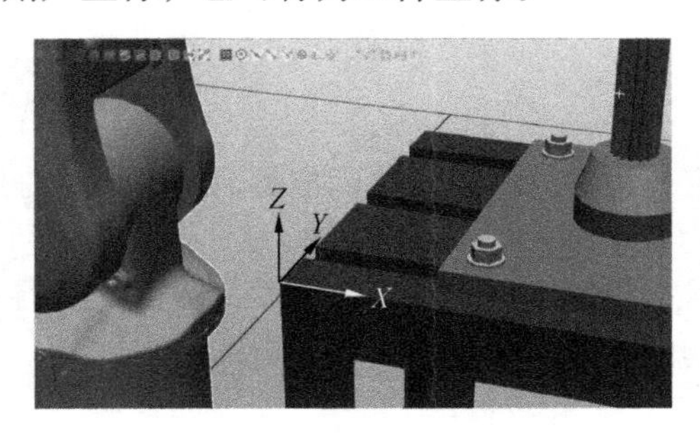

图 1-20　机器人工件（用户）坐标

项目拓展

工业机器人的核心技术

工业机器人的核心技术主要包括以下四项。

1. 开放性模块化的控制系统体系结构

采用分布式 CPU 计算机结构，分为机器人控制器（RC）、运动控制器（MC）、光电隔离 I/O 控制板、传感器处理板和编程示教盒等。机器人控制器（RC）和编程示教盒通过串口/CAN 总线进行通信。机器人控制器（RC）的主计算机完成机器人的运动规划、插补和位置伺服，以及主控逻辑、数字 I/O、传感器处理等功能，而编程示教盒完成信息的显示和按键的输入。

2. 模块化层次化的控制器软件系统

软件系统建立在基于开源的实时多任务操作系统 Linux 上，采用分层和模块化结构设计，以实现软件系统的开放性。整个控制器软件系统分为三个层次：硬件驱动层、核心层和应用层。三个层次分别面对不同的功能需求，对应不同层次的开发，系统中各个层次内部由若干个功能相对独立的模块组成，这些功能模块相互协作，共同实现该层次所提供的功能。

3. 机器人的故障诊断与安全维护技术

根据各种信息，对机器人故障进行诊断，并进行相应维护，是保证机器人安全性的关键技术。

4. 网络化机器人控制器技术

目前机器人的应用工程由单台机器人工作站向机器人生产线发展，机器人控制器的联网技术变得越来越重要。控制器具有串口、现场总线及以太网的联网功能，可用于机器人控制器之间和机器人控制器与上位机的通信，便于对机器人生产线进行监控、诊断和管理。

（注：素材源于 ofweek 机器人网 robot. ofweek. com）

项目小结

我国将工业机器人定义为“一种自动化的机器，所不同的是这种机器具备一些与人或者生物相似的智能能力，如感知能力、规划能力、动作能力和协同能力，是一种具有高度灵活性的自动化机器”。国际标准化组织（ISO）将工业机器人定义为“一种能自动控制，可重复编程，多功能、多自由度的操作机，能搬运材料、工件或操持工具来完成各种作业”。

工业机器人的典型应用主要包括搬运、码垛、焊接、涂装和装配。工业机器人可以按照控制方式、自由度、结构、应用领域划分，比较常见的是按照机器人的机构特征划分，划分的依据是工业机器人的坐标特性，通常可分为直角坐标系机器人、柱面坐标系机器人、球面坐标系机器人和关节型坐标系机器人。

工业机器人由机械、传感、控制 3 大部分和驱动、机械结构、感受、机器人 - 环境交互、人机交互、控制 6 个子系统组成。

机器人的常用技术参数中，自由度是指机器人本体所具有的独立坐标轴运动的数目（不包括手爪的开合）；定位精度是指机器人手臂末端实际到达位置与目标位置之间的偏差；重复定位精度是指机器人将其手臂末端重复定位于同一位置的偏离程度，衡量的是一系列偏差值的密集度；机器人的工作范围也称工作区域，是指机器人手臂末端所能达到的所有点位的集合；速度和加速度是表明工业机器人运动特性的主要指标；承载能力是指机器人高速运行时在工作范围内的任何位姿上所能承受的最大质量，与负载的质量及机器人运行的速度、加速度的大小和方向有关。

工业机器人坐标系一般有直角坐标系、柱面坐标系、球面坐标系、关节坐标系和平面关节坐标系几种。机器人的直角坐标系一般是指笛卡儿直角坐标系；柱面坐标是一种三维坐标系统，是二维极坐标系沿 Z 轴的延伸；球面坐标系也称空间极坐标系，由二维极坐标系扩展而来，用以确定三维空间中点、线、面、体的位置，它以坐标原点为参考点，由方位角、仰角和距离构成；关节坐标系是设定在工业机器人关节中的坐标系，关节坐标系中工业机器人的位置和姿态以各关节底座侧的关节坐标系为基准而确定；平面关节坐标系是关节坐标系的特例。

机器人的参考坐标系一般有：全局坐标系，它是一种通用坐标系，通常用来定义机器人相对于其他物体的运动或是相对于与机器人通信的其他部件的运动及相应的运动路径；关节参考坐标系简称关节坐标系，是用来描述机器人每一个关节的运动；工具参考坐标系简称工具坐标系，属于直角坐标系范畴，描述机器人手臂相对于机器人工具中心点的运动；用户参考坐标系简称用户坐标系，同样属于直角坐标系范畴，是为了作业方便，用户自行定义的工作台坐标系和工件坐标系等多个坐标系。

工业机器人的推广应用必然成为“中国制造2025”“智能制造”等国家发展战略的强大助力，利用现代化、自动化、智能化的生产设备把人从繁重、危险、烦琐的生产活动中解放出来，为我国工业现代化建设保驾护航。

思考与练习

1. 利用互联网等资源平台搜集当前工业机器人领域国际十大品牌和国产工业机器人品牌信息，分析各品牌的优势应用领域。

2. 搜集资料，分析概括工业机器人在汽车制造领域的主要应用方向及意义。

3. 工业机器人坐标系一般有直角坐标系、柱面坐标系、球面坐标系、关节坐标系和平面关节坐标系等，查找资料画出各坐标系对应的示意简图。

项目二 工业机器人仿真平台配置

项目要求

1. 能够获取 RobotStudio 仿真资源并正确配置；
2. 学会正确加载模型并合理安排仿真工作站布局；
3. 熟练掌握机器人仿真工作系统；
4. 掌握仿真环境下工业机器人手动（鼠标）控制方法。

任务一 工业机器人仿真软件资源的获取与配置

一、仿真软件资源的获取

RobotStudio 仿真软件是 ABB 公司工业机器人的离线编程软件，在不中断生产的情况下，利用仿真环境进行编程，只要设置合理，就可以做到“所见即所得”。该仿真软件不但是工程师的得力助手，而且是 ABB 机器人初学者不可或缺的工具。

ABB 工业机器人的离线编程软件有 30 天试用版和付费版的区别。对于初学者，选择试用版就可以满足入门学习的需要。建有 ABB 工业机器人实训室的学校可以向 ABB 官方申请教学版授权，付费的商业版价格昂贵，少有学校和个人负担得起。目前最新版的软件只有在 ABB 官网的英文页面上才能获得，获取方法如下：

首先进入 ABB 官网（new. abb. com），然后依次进入产品指南（Products）→机器人技术（Robotics）→机器人工作室软件（RobotStudio）→下载页面（Downloads），或是直接输入网址“http://new. abb. com/products/robotics/robotstudio/downloads”可得如图 2-1 所示界面。

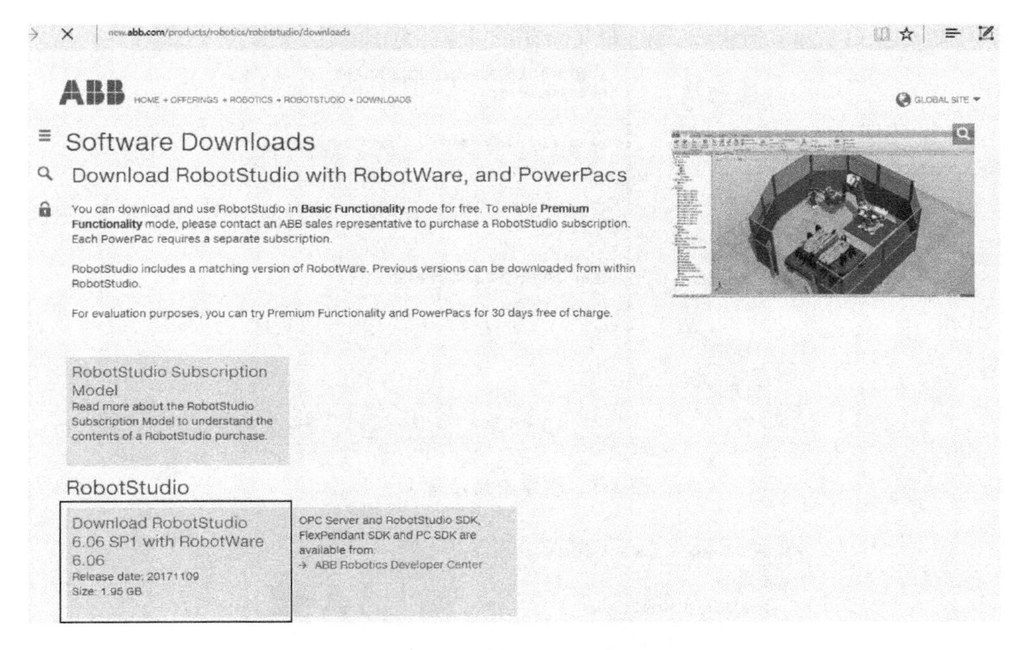

图 2-1　ABB 机器人相关软件下载页面

在图中可选取最新版本，进入下载页面进行文件下载，全部文件大小约 2GB。下载压缩包文件名为“RobotStudio_ 6. 06_ SP1. zip”。

二、RobotStudio 的安装与配置

RobotStudio 软件的安装对计算机的硬件要求不高，只要是内存 4GB 以上的主流配置均能流畅运行。将压缩包解压可得图 2-2 所示文件夹“RobotStudio”，在文件夹中找到可执行文件“setup. exe”，双击可得“ABB RobotStudio 6. 06 SP1 – InstallShield Wizard”对话框，选择安装语言为“中文（简体)”，单击“确定”后进入安装界面。

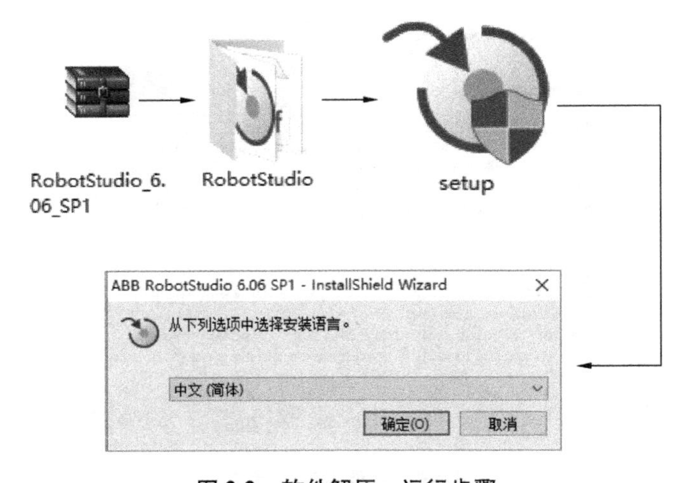

图 2-2　软件解压、运行步骤

安装设置步骤按图 2-3 ~图 2-10 执行，最终完成软件安装。

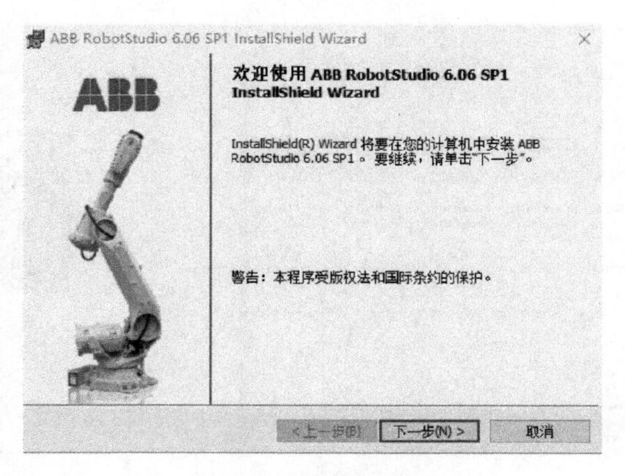

图 2-3　软件安装步骤 1

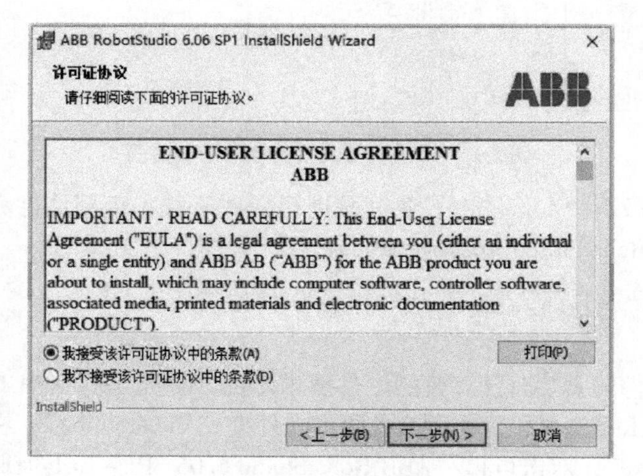

图 2-4　软件安装步骤 2

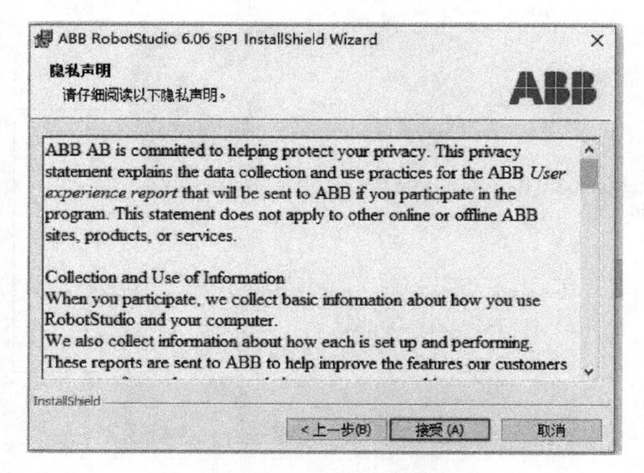

图 2-5　软件安装步骤 3

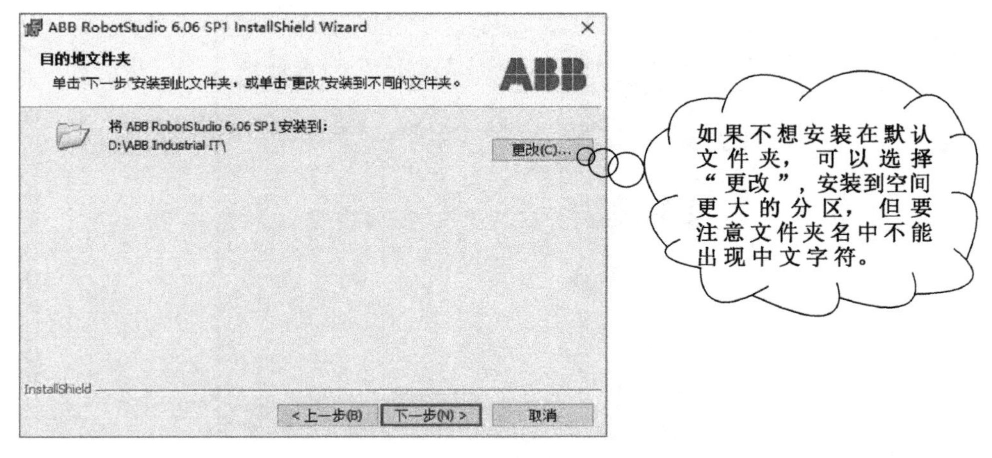

图 2-6　软件安装步骤 4

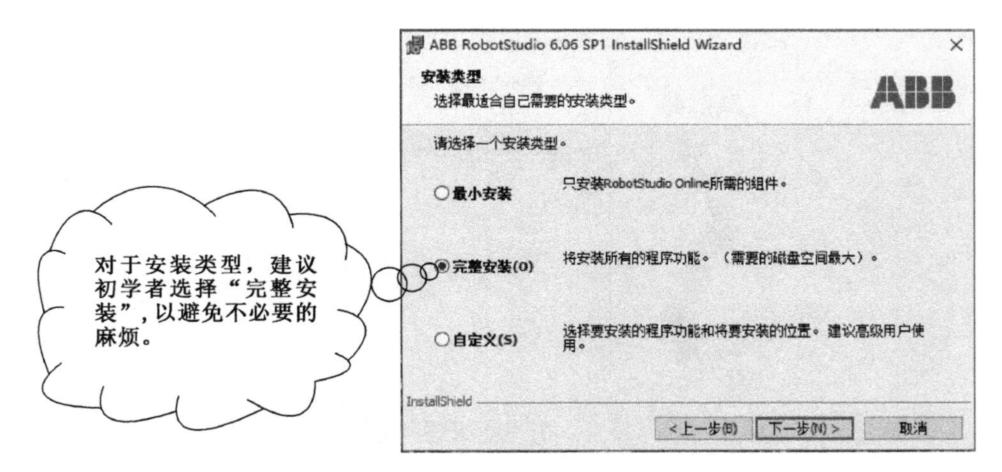

图 2-7　软件安装步骤 5

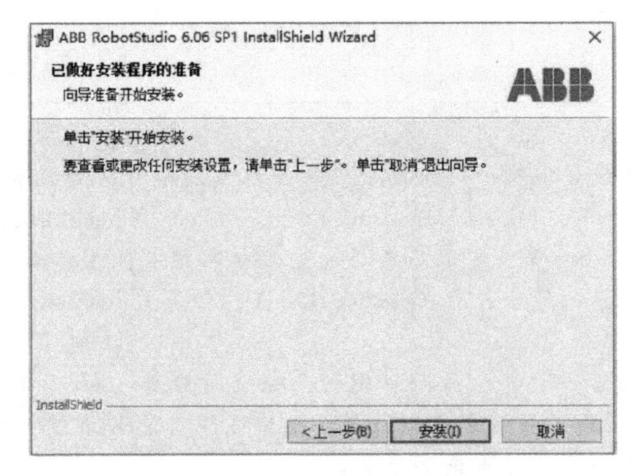

图 2-8　软件安装步骤 6

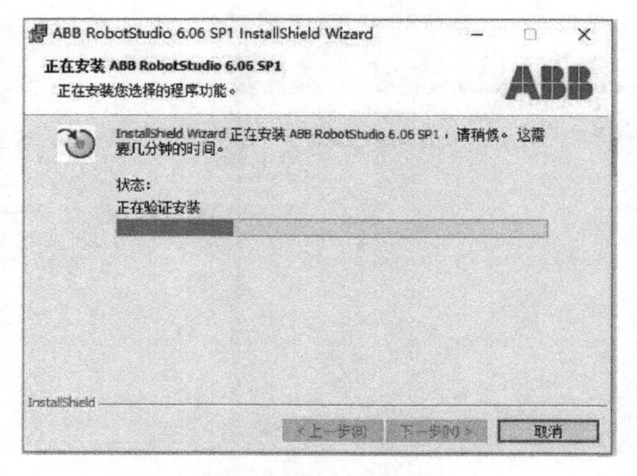

图 2-9　软件安装步骤 7

图 2-10　软件安装步骤 8

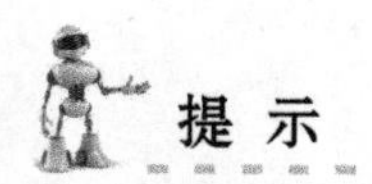

提　示

关于软件安装的一些说明：

（1）软件对系统环境有一定的要求，如果以前没有安装过，会提示安装补丁，主要包括一些运行库文件，如 Microsoft Visual C ++，Visual Basic 6，XML6，DirectX，. NET Framework 等，要求基本与大型单机游戏相同。如果电脑处于联网状态，软件会自动查找，然后由用户确认安装补丁，但是 RobotStudio 安装程序需要重新运行才能完成安装。

（2）安装成功后一般会生成两种图标，分别对应着 32bit 和 64bit 两种工作模式，一般使用 32 位模式就可以，如果需要使用高级功能如示教自定义界面等，就需要到官网下载专用的 SDK（软件开发工具包）。

任务二 工业机器人基本工作站布局

RobotStudio 仿真软件模型库中提供了 ABB 全系列工业机器人的 3D 仿真模型、工件变位机 3D 模型、导轨模型、机器人控制柜、弧焊设备、常用工具、常用附件，以及方便初学者的训练模型的完善设备库。同时，仿真软件还可以实现各种主流 CAD 3D 模型的数据导入。它可以帮助编程人员生成更为精确的机器人程序，通过可视化的离线编程来确认方案和布局以降低风险。仿真软件除完成离线编程外，还可以与真实机器人系统进行通信，便于对机器人进行监控、程序修改、参数设定、文件及系统的备份与恢复等操作。通过对工作站的仿真和模拟验证可以为工程实施提供可靠依据。

简单工业机器人基本仿真工作站布局主要功能性模块一般包括机器人本体、工作台、工作对象（工件）、工具等。如机器人需要移动则需要考虑添加导轨；如工作中需要工件配合机器人变换位置则需要添加工件变位机。为了方便后续学习，本任务以 IRB120 型机器人为工作站核心搭建一个简单的工作站布局。

一、导入机器人

1. 创建空工作站

双击 RobotStudio 6. 06（32-bit）图标打开仿真软件，在“文件”选项卡中选择“新建”，然后单击“空工作站”，接着在右侧窗口中单击“创建”图标，如图 2-11 所示，就会在软件主视图中显示一个三维的空工作站，如图 2-12 所示。

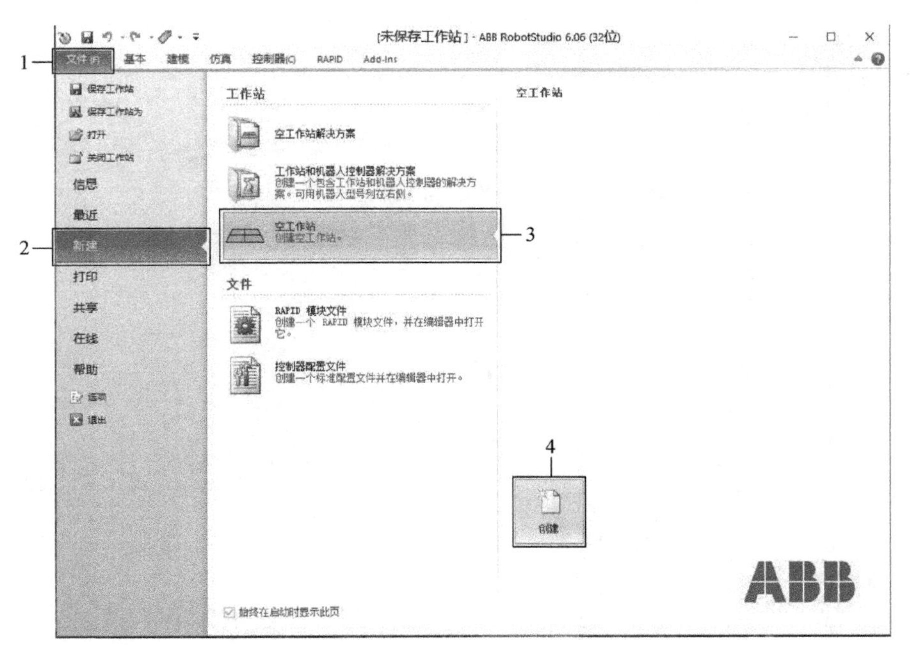

图 2-11 创建空工作站

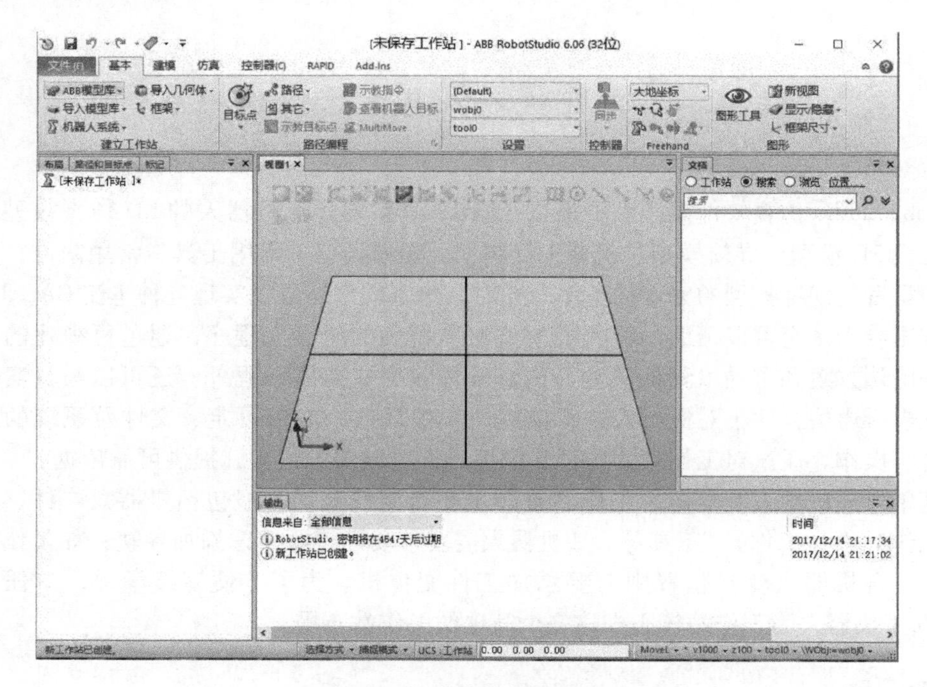

图 2-12 生成的空工作站

2．导入机器人模型

如图 2-13 所示，在“基本”选项卡中选中“ABB 模型库”，然后在 ABB 模型库“机器人”栏中选中 IRB120 型机器人。当然也可根据需要选择模型库中的其他型号机器人，操作方法基本相同，此处不再赘述。

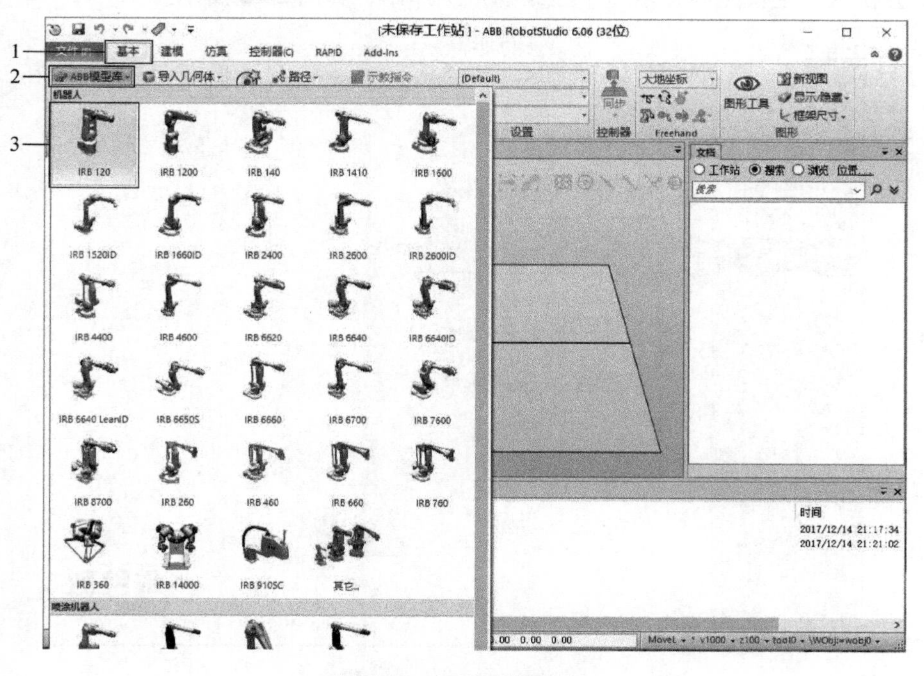

图 2-13 机器人模型库

选中 IRB120 机器人后显示如图 2-14 所示对话框，同一型号机器人可能有不同的版本，这里选择基本型。图示参数“IRB120_ 3_ 58_ G_ 01”中，型号后面的数字“3”代表该型号机器人的有效载荷为 3 kg，数字“58”代表该型号机器人的最大到达距离为 58 cm。设置后单击“确定”就可在视图窗口中看到 IRB120 机器人的 3D 模型，如图 2-15 所示。

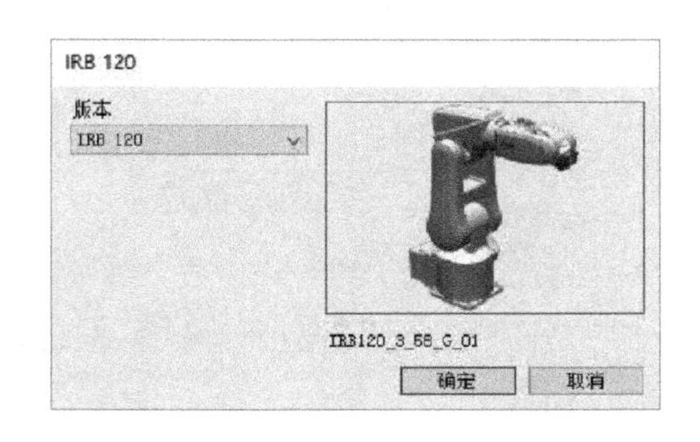

图 2-14　机器人设置

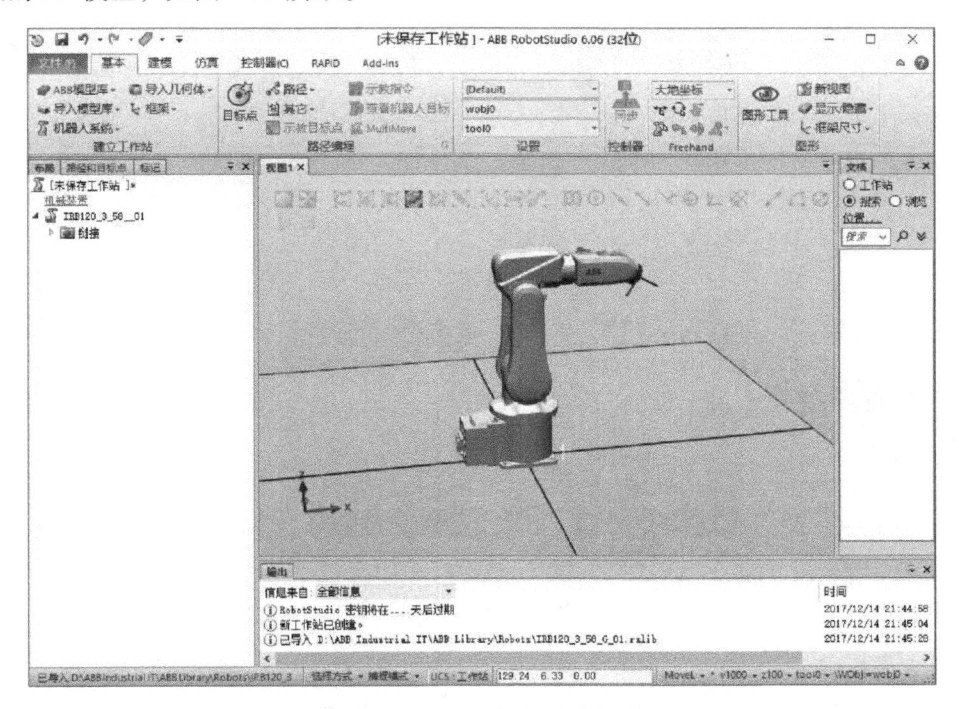

图 2-15　导入机器人的工作站

导入机器人后，可以在视图窗口中利用键盘与鼠标组合对场景进行平移、视角旋转、窗口缩放等操作，实现不同视角、方位、细节的观察。操作方法如下：

（1）平移操作：Ctrl + 鼠标左键，拖动鼠标可以实现上下、左右平移；

（2）视角旋转：Ctrl + Shift + 鼠标左键，拖动鼠标可以实现视角全方位任意旋转；

（3）窗口缩放：在视图窗口滚动鼠标滚轮，向上为放大，向下为缩小。

二、加载机器人工具

工具加载分为两个环节：工具导入和工具安装。

1. 工具导入

机器人的工具导入与机器人的导入操作类似。如图 2-16 所示，首先在“基本”选项卡中打开“导入模型库”→“设备”，然后在“Training Objects”栏中选中图标

“myTool”，就完成了工具导入。刚导入的工具一般放置在视图中大地（世界）坐标原点。

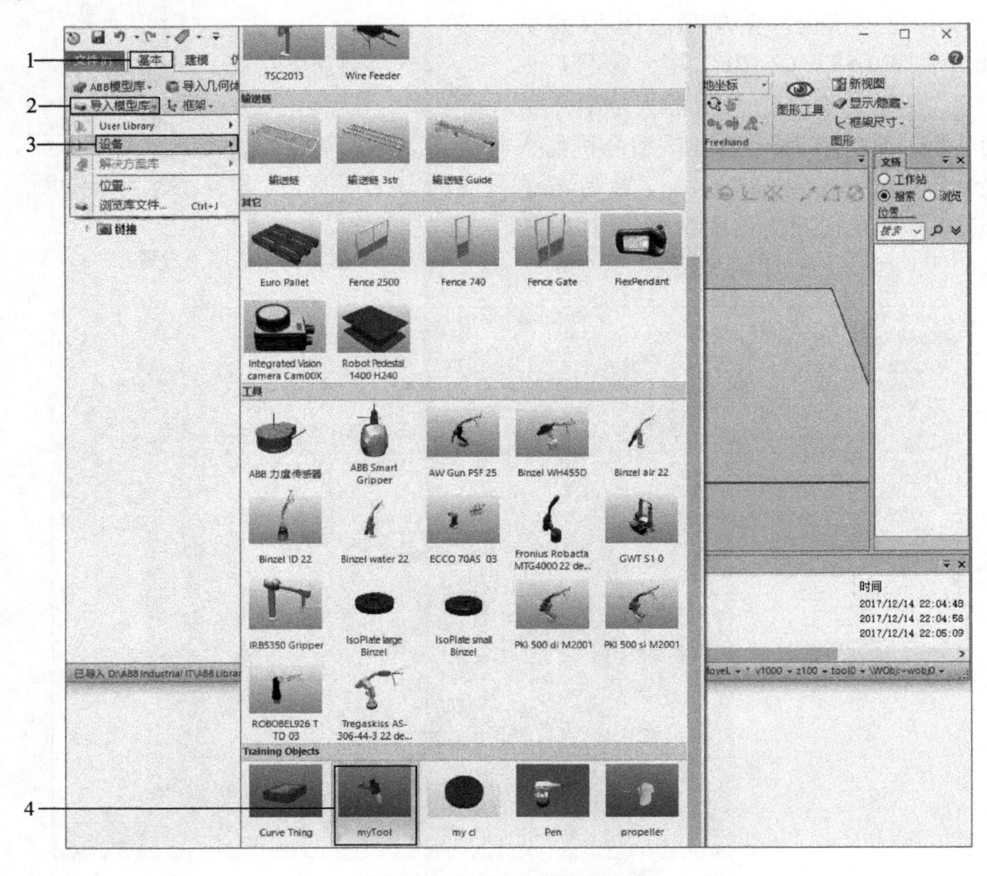

图 2-16　导入机器人工具

2. 工具安装

导入的工具需要安装到机器人第 6 轴法兰上。如图 2-17 所示，首先选中视图窗口左侧的“布局”选项卡，然后用鼠标选中布局列表中的“MyTool”，将其向上拖至“IRB120_ 3_ 58_ 01”上后松开鼠标左键，这时会弹出“更新位置”对话框询问“是否希望更新‘MyTool’的位置?”，单击按钮“是（Y）”来确认工具位置的改变。确认后可以在视图窗口中看到，笔形工具已经安装到机器人第 6 轴的法兰盘上了，如图 2-18所示，这样就可以保证在操作机器人时，工具随第 6 轴位置的变化而变化。

如果需要把安装好的工具再从法兰盘上拆下，则可以通过在左侧“布局”选项卡中的“MyTool”上单击鼠标右键，然后在弹出的菜单中选择“拆除”来实现。拆除过程可参考图 2-19。

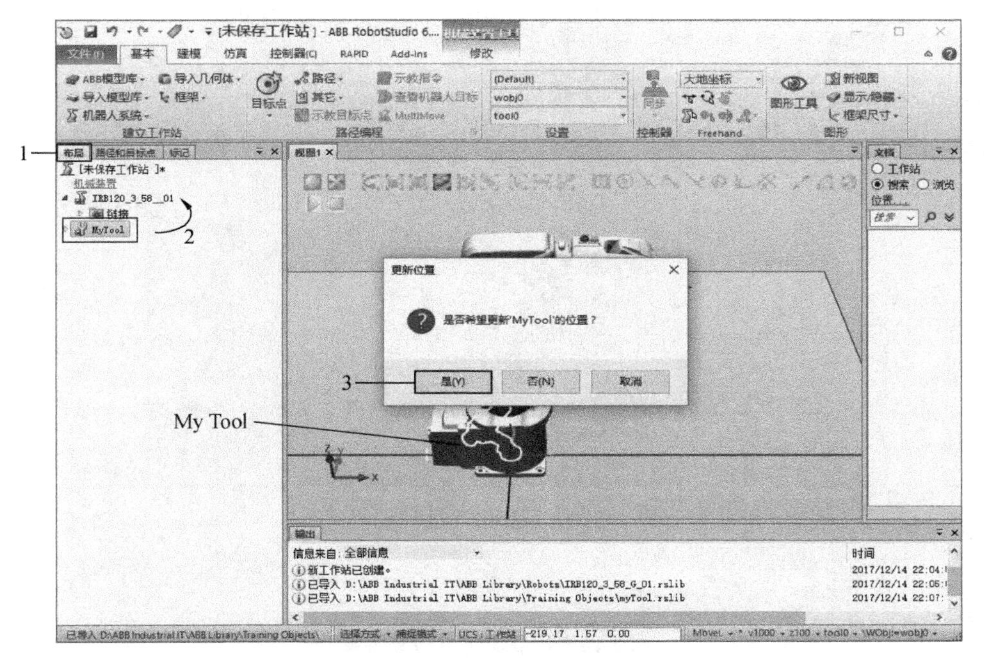

图 2-17　机器人工具安装

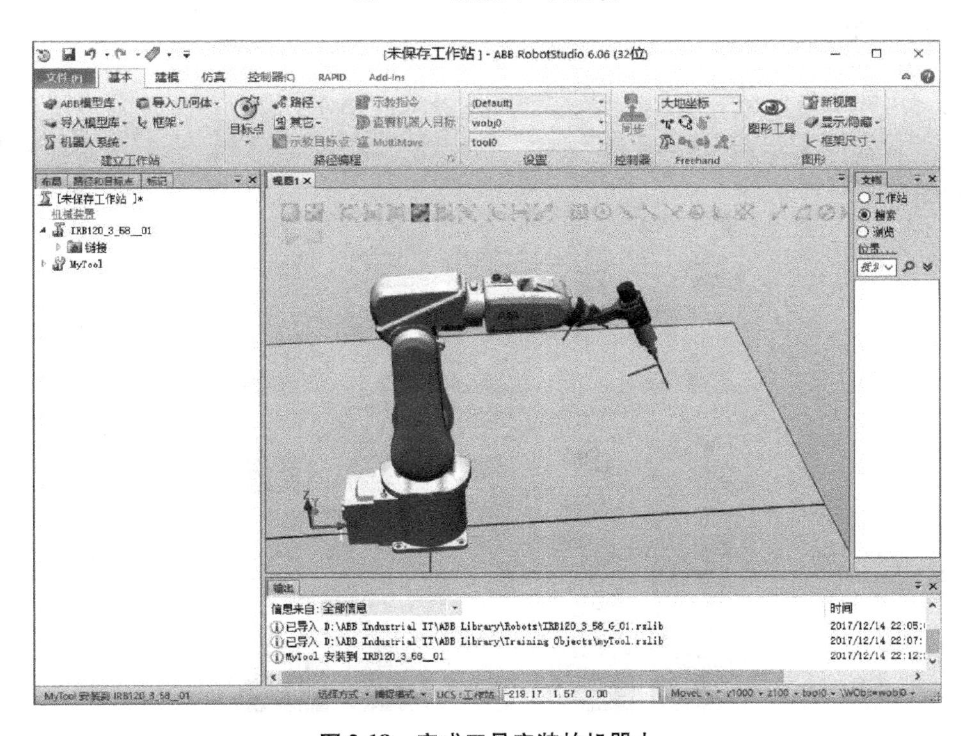

图 2-18　完成工具安装的机器人

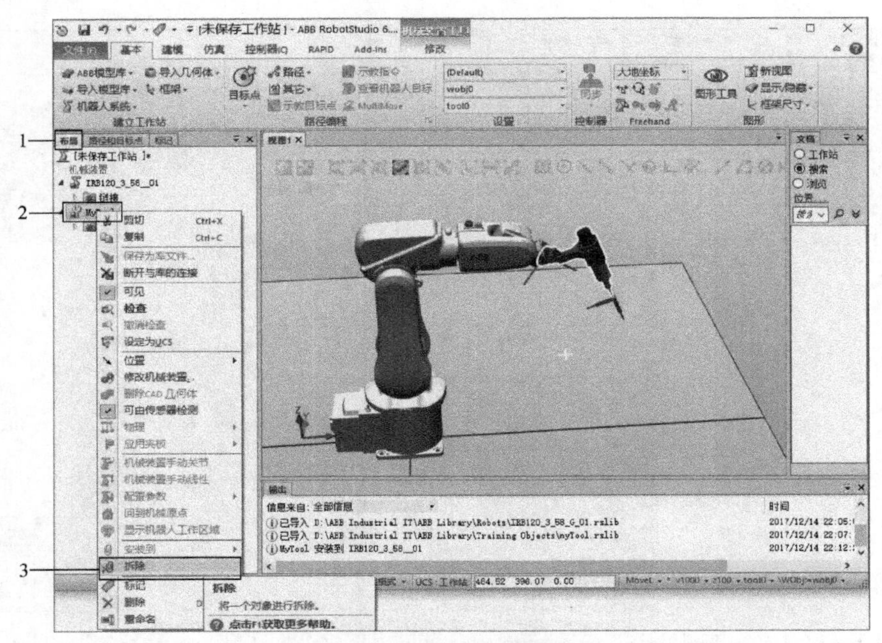

图 2-19　机器人工具拆除步骤

三、导入工作台

练习用的工作台与工具在同一分类中。首先在“基本”选项卡中打开“导入模型库”→“设备”，然后在“Training Objects”栏中选中图标“propeller table”（见图 2-20），就完成了工作台的导入。

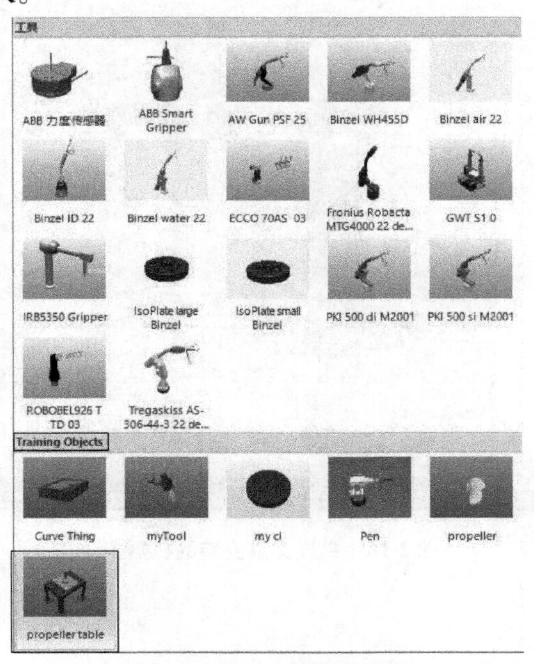

图 2-20　导入工作台操作

导入的工作台初始位置不一定刚好就在机器人工作范围内，所以需要参考机器人工作范围做位置的调整。在视图窗口标示出机器人工作区域的操作方法如图 2-21 和图 2-22 所示。首先在“布局”选项卡中的“IRB120_ 3_ 58_ 01”上单击鼠标右键；然后在弹出的菜单中选中“显示机器人工作区域”，得到图 2-22 所示画面；按图 2-22 设置工作空间，就会在视图中见到白线标出的 2D 工作区域。

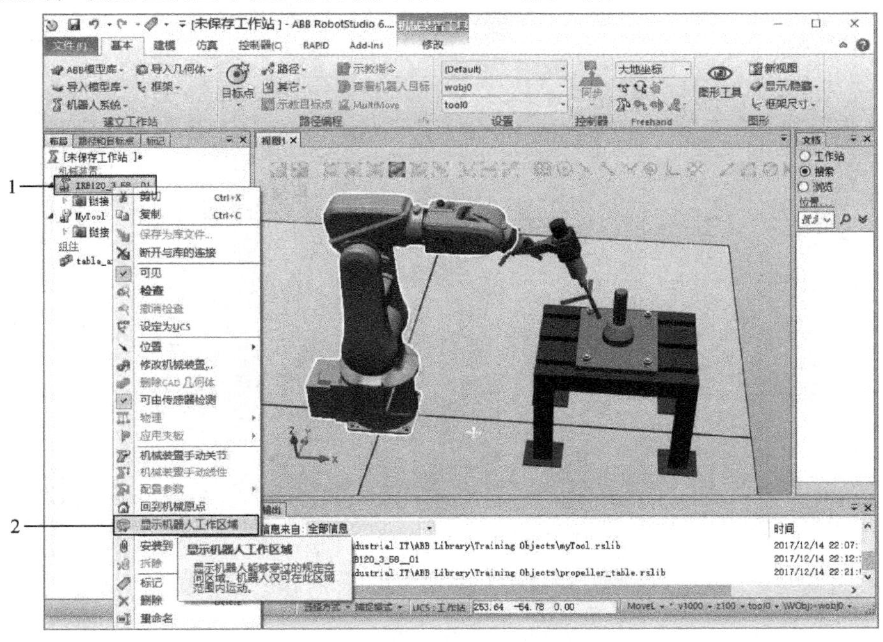

图 2-21　显示机器人工作区域操作 1

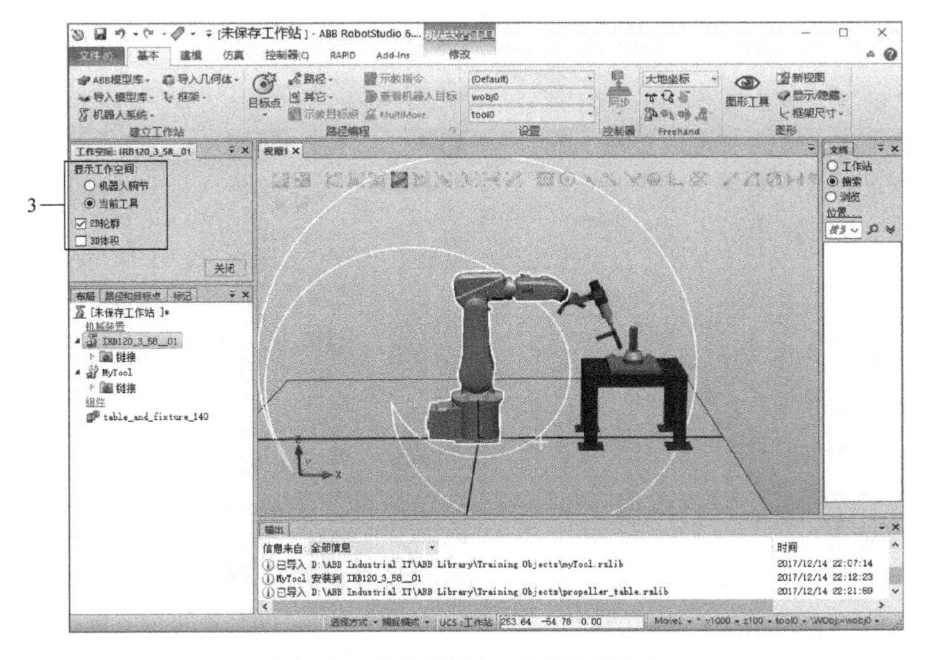

图 2-22　显示机器人工作区域操作 2

要移动工作台就需要按图 2-23 所示步骤操作，先在“布局”窗口选中工作台，然后再选中“移动”选项，这时就可以在“视图”窗口中选择要移动的方向，按住鼠标左键牵引工作台在机器人工作区域内移动到理想位置，也就是保证工作台工作面完全在机器人可到达范围内。

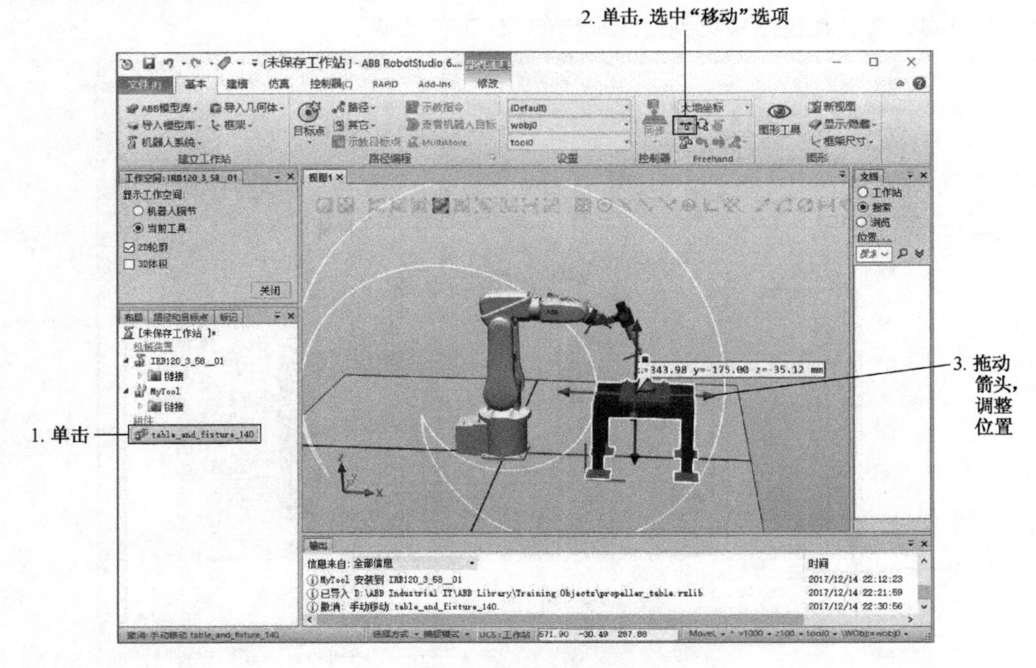

图 2-23　调整工作台位置

四、导入工件

工件的导入要比工作台的导入稍显复杂，要求将工件完美地放置在工作台的指定位置。工件的导入过程基本上分为两个环节：工件导入和位置设置。

1. 工件导入

工件导入过程与工作台导入过程类似，同样是在“基本”选项卡中打开“导入模型库”→“设备”，然后在“Training Objects”栏中选中图 2-24 所示“Curve Thing”即可。

2. 位置设置

工件位置的设定操作采用“两点法”，即选中工件的底面近端的两个顶点，将其依次对应到工作台上表面近端

图 2-24　选择练习工件对象

的两个顶点处。

工件位置设置方法选择的操作过程如图 2-25 所示，在“布局”窗口右击组件“Curve_thing”→“位置”→“放置”→“两点”，即可选择“两点”法。

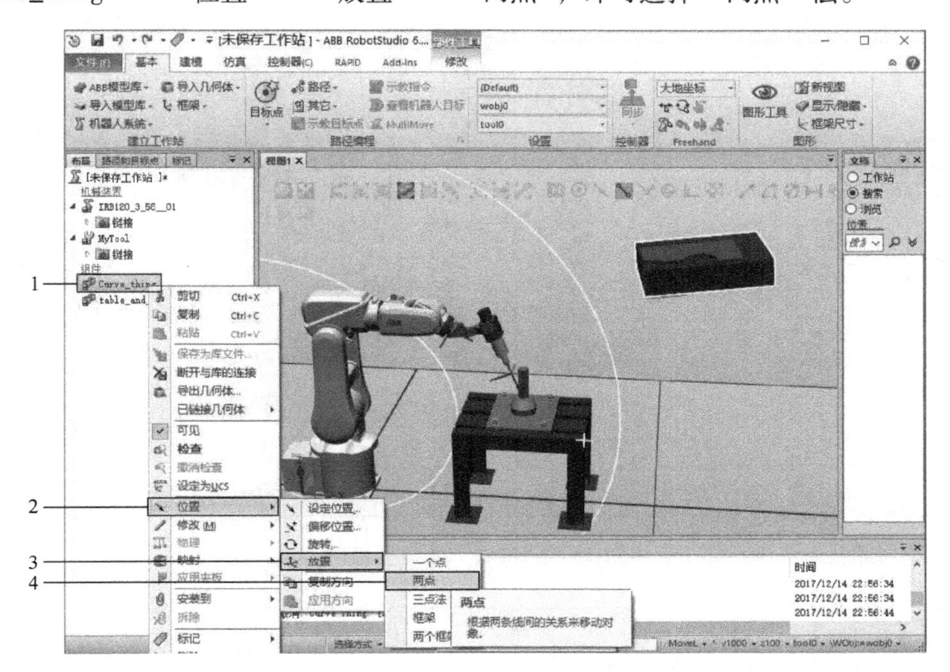

图 2-25　工件位置设置方法的选择

使用“两点”法将工件放置在工作台上的操作步骤（见图 2-26）如下：

（1）选中辅助工具栏中的“选择部件”和“捕捉末端”。

（2）在左侧的“放置对象：Curve_ thing”窗口中单击“主点 - 从”点位数据输入框，然后在右侧的“视图 1”窗口中用鼠标指向要选择的点 *A*，目标无误单击鼠标左键确认，此时位置数据自动输入左侧的点位数据窗口。用同样的方法，依次完成“主点 - 到”（点 *B*）、“*X* 轴上的点 - 从”（点 *C*）、“*X* 轴上的点 - 到”（点 *D*）的点位数据的输入。

（3）设置结束后，单击“应用”按钮，就可得到图 2-27 所示结果。

提 示

输入点位数据时，如果对空间坐标系熟悉，且各点的坐标已知，则无须选择辅助工具栏中的“辅助末端”工具，直接在相应的数据输入框中输入数据即可，数据以“mm”为单位。

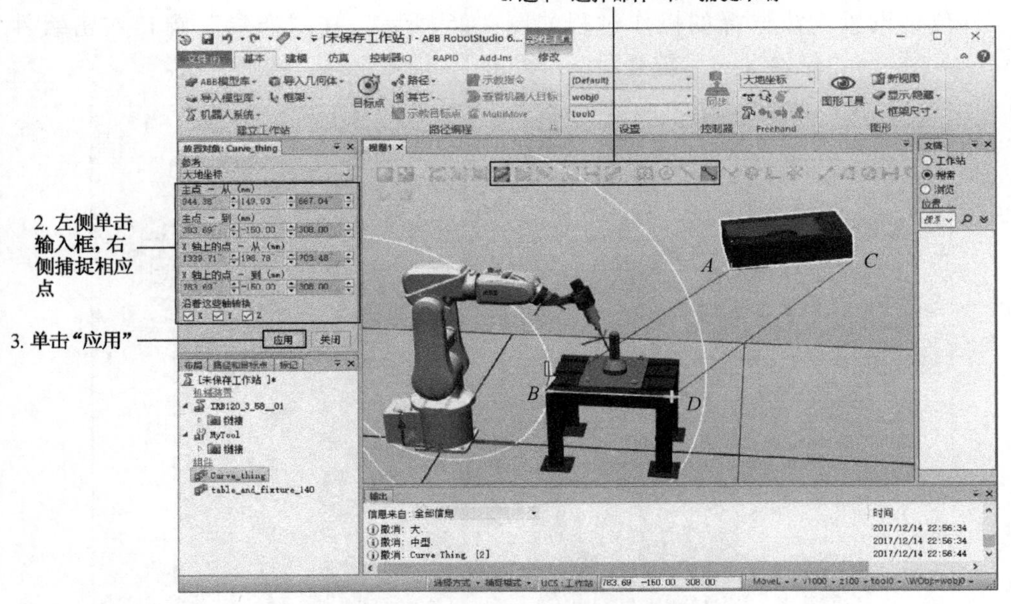

图 2-26 “两点”法放置操作

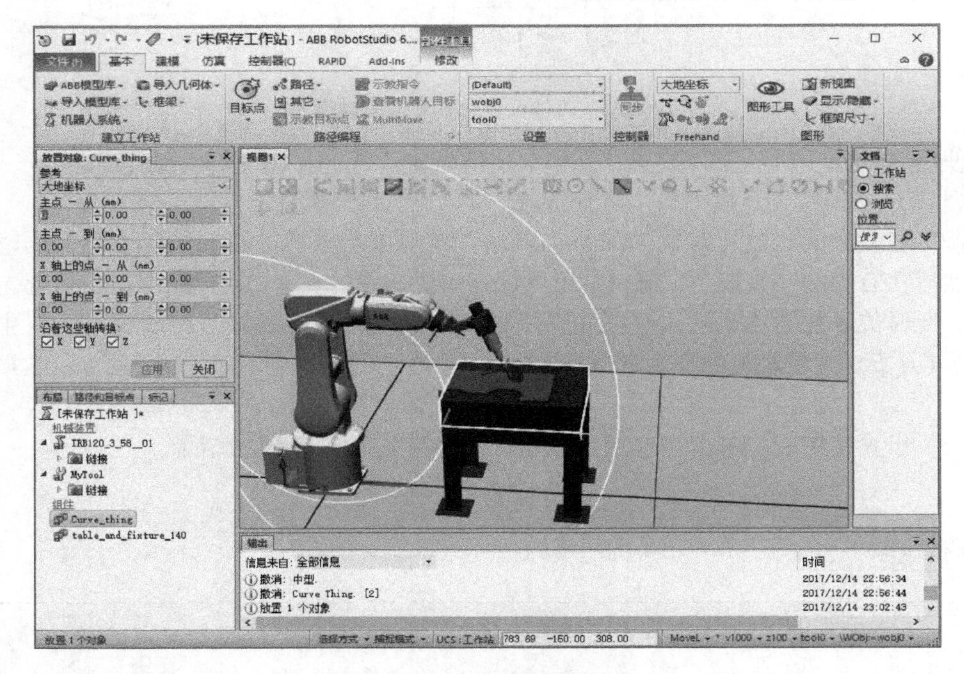

图 2-27 工件放置完成效果

工作站布局完成后，需要在软件主界面“文件”选项卡中选择“保存工作站为”选项，为所创建的工作站布局命名保存为“001”，生成的工作站文件全名为“001. rsstn”，当然也可以根据需要命名。

任务三　工业机器人系统的生成

完成工业机器人工作站布局所生成的系统只具有系统的外形尺寸，不具备对应的电气特性的仿真，还不是真正的仿真系统，自然暂时也不能完成仿真操作，因此还要为机器人加载系统，建立虚拟的控制器，才能最终实现从外形尺寸到功能上的仿真。

一、载入工作站布局

在“文件”选项卡中选中“最近”项，在打开的列表中找到前面保存的工作站布局文件“001. rsstn”，双击打开文件即可。

二、机器人系统的生成

在打开工作站文件后，首先要在“基本”选项卡中选中“机器人系统”→“从布局...”选项，如图2-28所示，目的就是基于已经创建的工作站布局生成系统。

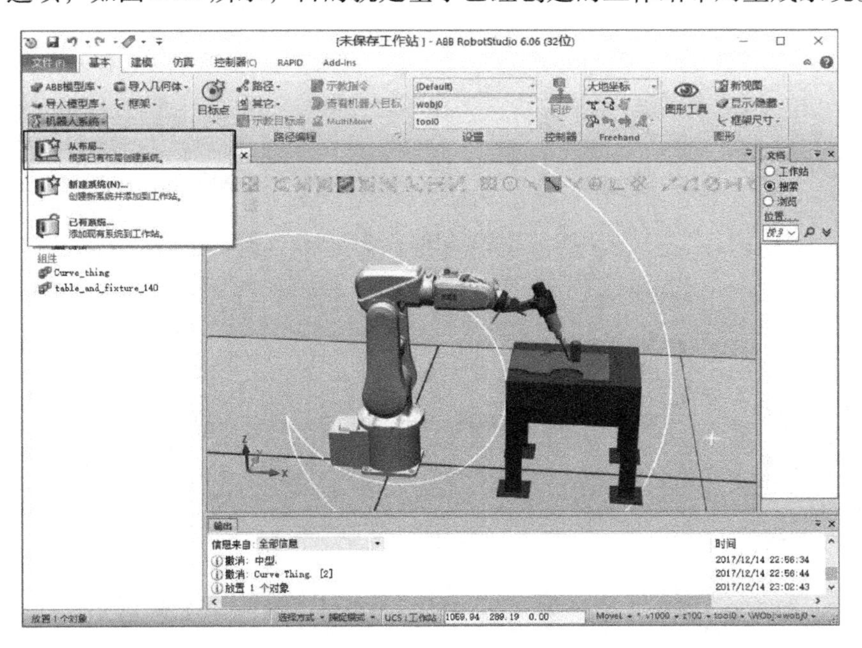

图2-28　选择从布局创建系统

在弹出的“从布局创建系统”窗口中输入要保存的系统名称和保存位置，RobotWare版本选择6.06，设定好名称和位置后单击“下一个”，如图2-29所示。切记系统保存路径中不能出现中文字符，最好只用英文字母，以避免出现系统兼容性问题，导致生成的系统无法被识别。在新出现的界面（见图2-30）中勾选机械装置“IRB120_ 3_ 58_ 01”，单击“下一个”，会得到图2-31所示配置系统参数界面。单击“选项”按钮可以进行系统语言、通信协议标准、各种型号标准通信接口板、扩展控制功能包等详细配置的设置工作，此处不需要过多关注，后面用到时可通过系统的修改来根据需要添加各种支持组件，所以这里直接单击“完成”按钮，软件系统开始进行相关配置的加载，加载过程中界面右下角的控制器状态指示为红色（见图2-32），系统创建完成后，控制器状态指示为绿色（见图2-33），表示机器人仿真系统中的虚拟控制器已经上线。系统成功创建，在此平台上就可以完成对应的真实机器人系统所有控制和操作过程的仿真。

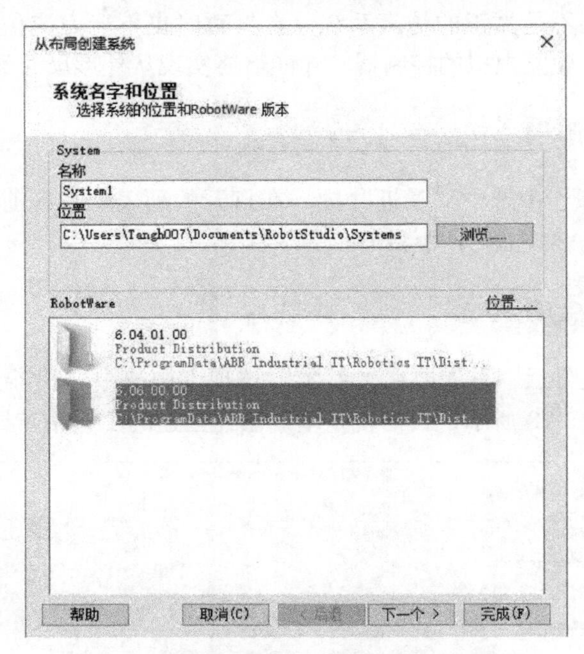

图 2-29　设定系统的名称和保存位置

图 2-30　选择系统的机械装置

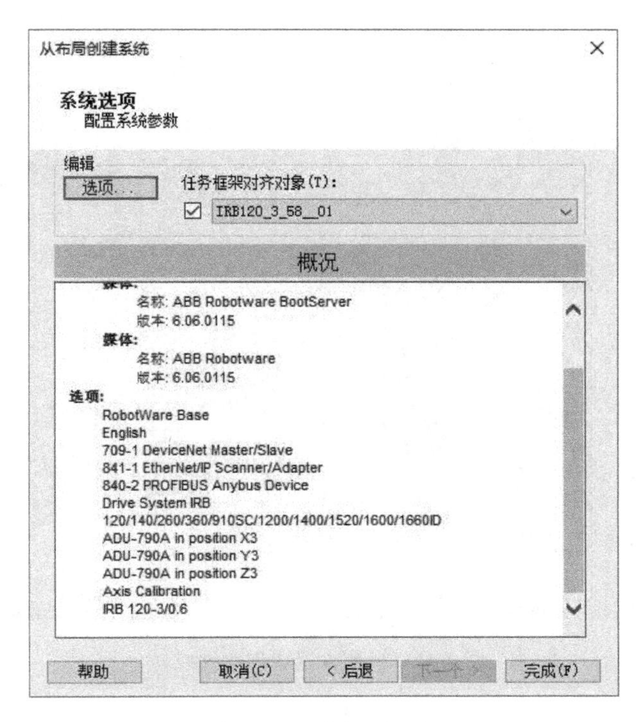

图 2-31　配置系统参数

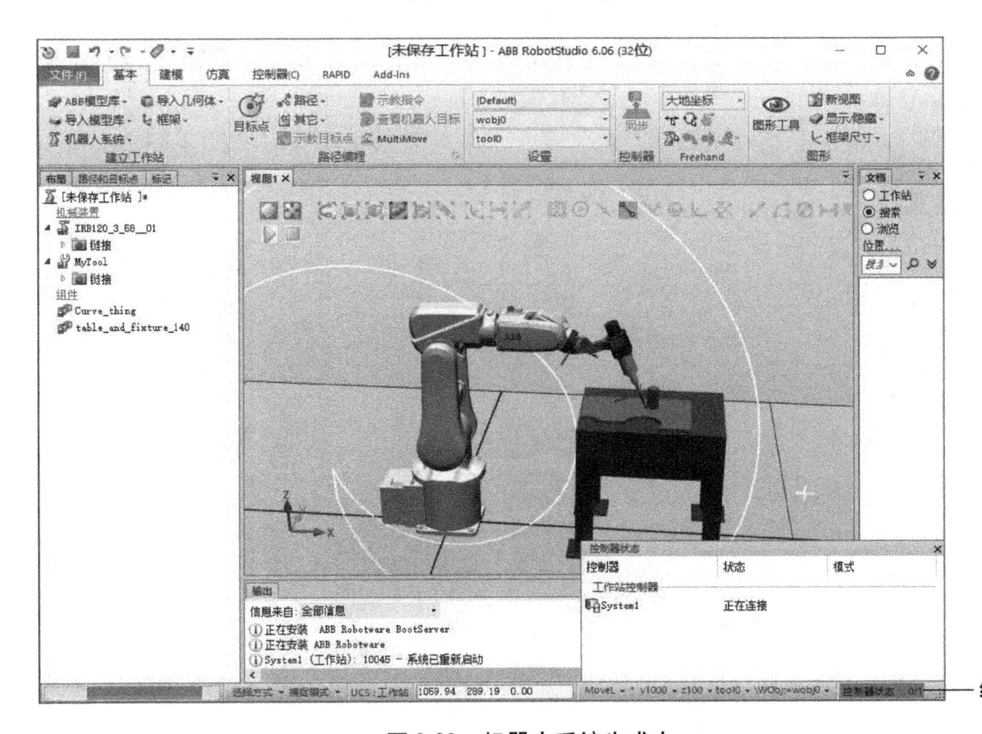

图 2-32　机器人系统生成中

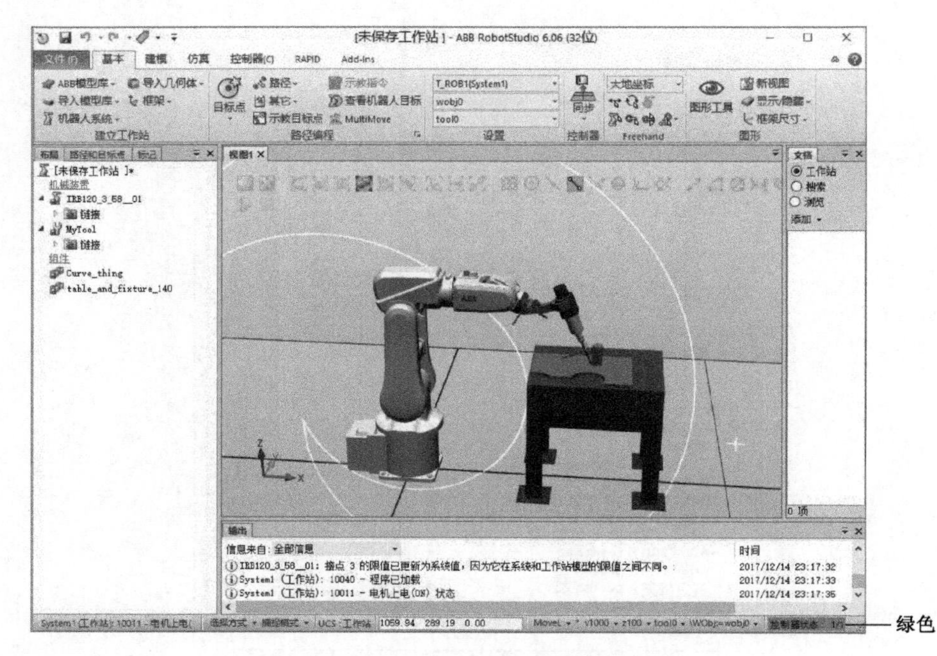

图 2-33　机器人系统创建完成

三、已生成系统中机器人位置的更改

机器人系统生成后，若发现工业机器人的位置不合适，可以根据需要将其调整至合适位置，具体操作如下：

在“Freehand”工具栏中根据需要选择平移或旋转移动工具，如图 2-34 所示。

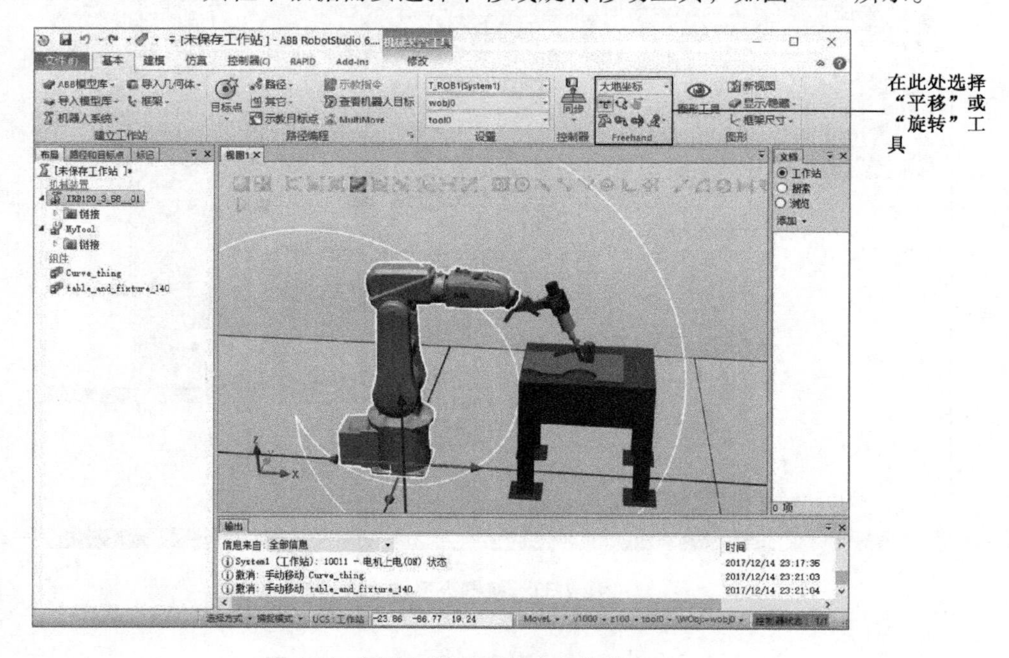

图 2-34　更改系统中机器人的位置 1

（2）按图 2-35 中所示箭头，将机器人移动到新位置后，会弹出窗口询问“是否移动任务框架?”，选择“是（Y）”，则系统需要更新控制器，并且重新启动控制器才能使设置生效。

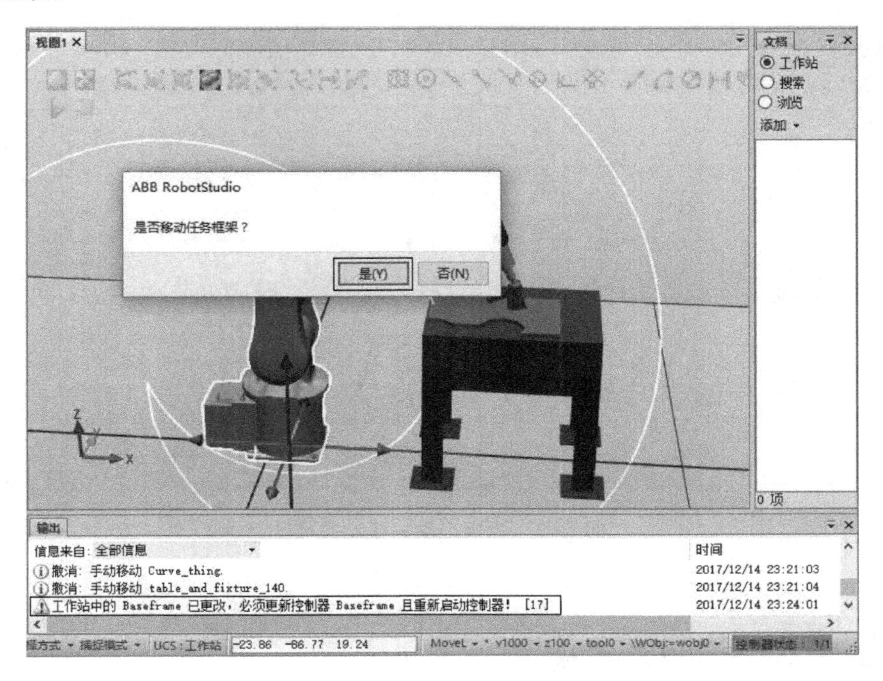

图 2-35 更改系统中机器人的位置 2

任务四 仿真环境下工业机器人的手动操纵

在 RobotStudio 中，工业机器人的手动操作一共有手动关节、手动线性和手动重定位运作三种方式。这三种运动的实现可以有两种途径：一种是通过虚拟示教器来模拟真实机器人操作来实现，另一种是在软件界面中直接设置。直接设置可以通过直接拖动控制和精确手动控制方式来实现。

一、直接拖动控制

直接拖动分为手动关节（见图 2-36）、手动线性（见图 2-37）、手动重定位（见图 2-38）三种情况。

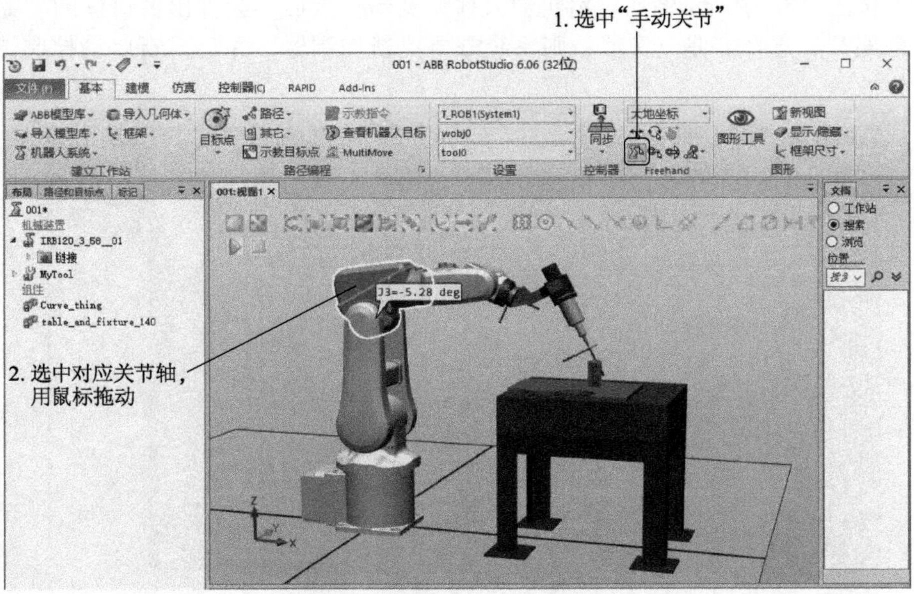

1. 选中“手动关节”

2. 选中对应关节轴，用鼠标拖动

图 2-36　直接拖动－手动关节

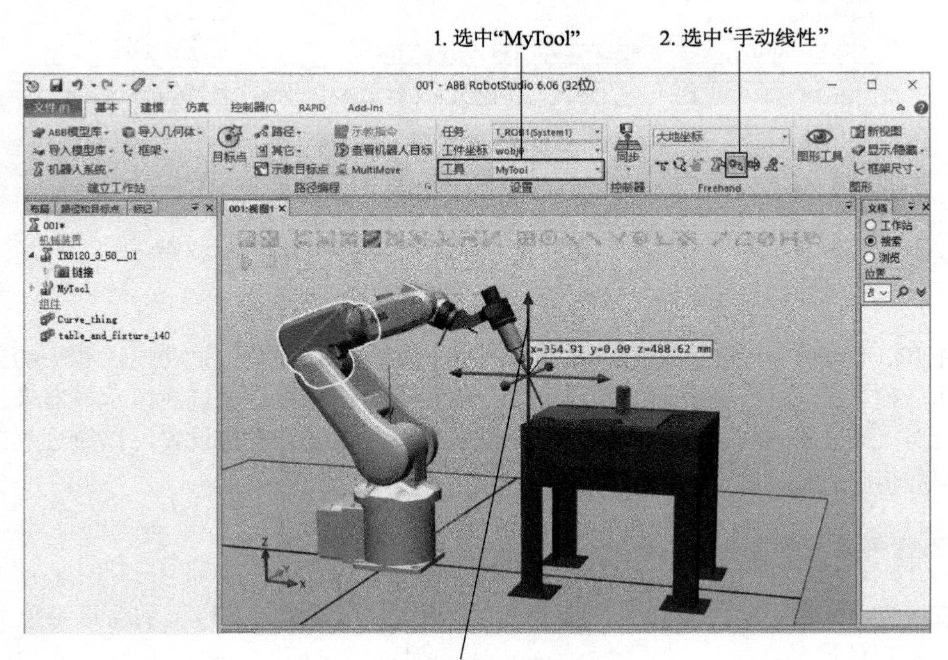

图 2-37　直接拖动－手动线性

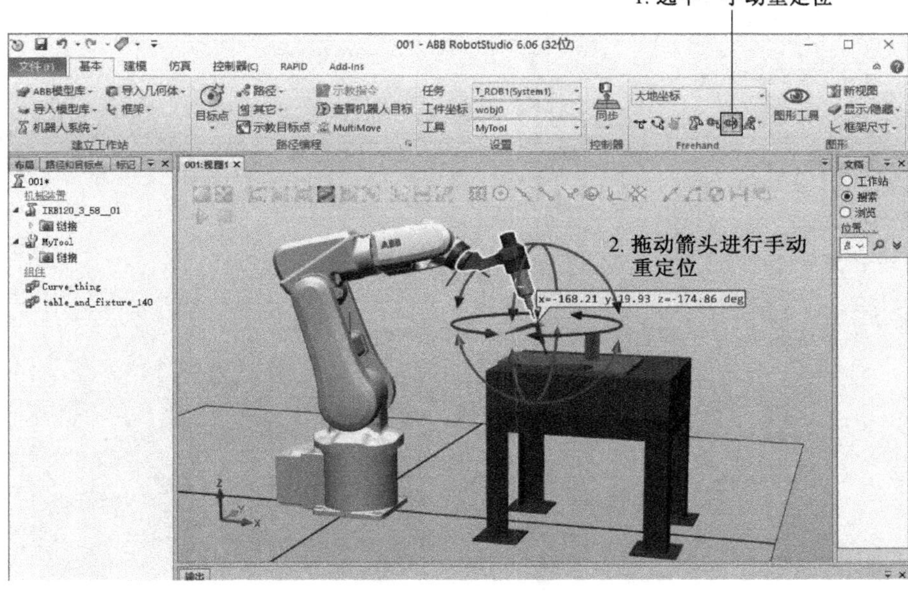

图 2-38　直接拖动－手动重定位

二、精确手动控制

精确手动操纵有机械装置手动关节（见图 2-39、图 2-40）和机械装置手动线性（见图 2-41、图 2-42）两种方式。通过滑块改变位置数据时可以直接拖动，也可以采用步进模式，每次单击只动“一步”，步进值（Step）可以人为设置。

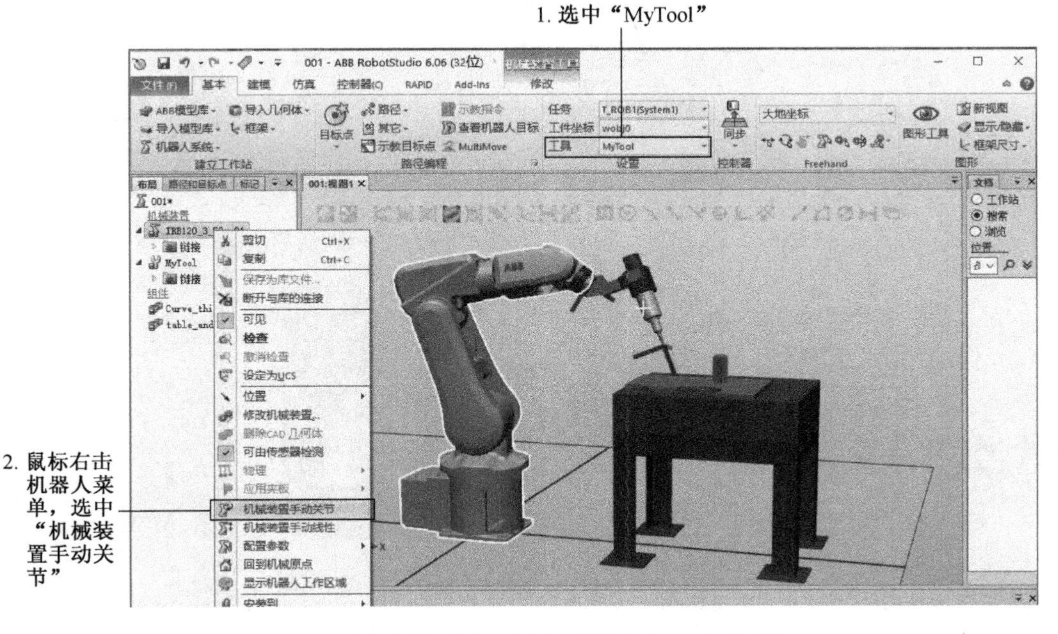

图 2-39　精确手动－机械装置手动关节 1

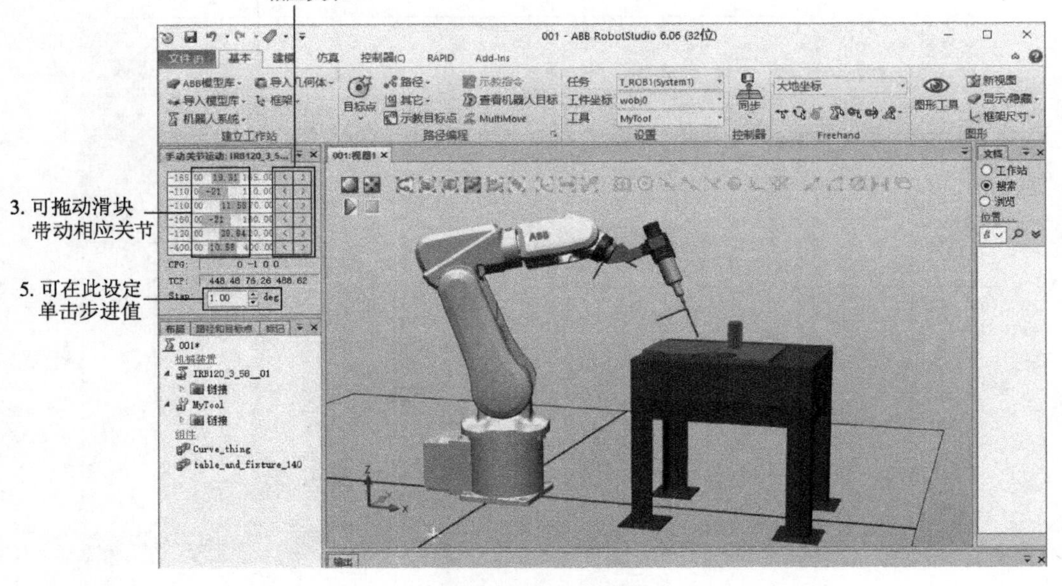

图 2-40　精确手动 – 机械装置手动关节 2

精确手动 – 机械装置手动线性中，除可以通过滑块拖动和鼠标点动步进外，还可以直接输入目标点的空间直角坐标的 *X*，*Y*，*Z* 值。另外，如图 2-42 所示界面中 RX，RY，RZ 分别代表着可以在不改变运动轨迹的情况下，让工具以 TCP 为基准，分别绕 *X*，*Y*，*Z* 三个坐标轴旋转指定的角度，这样可以通过改变工具姿态，来预防因过早到达关节极限，导致工作范围减小的现象。

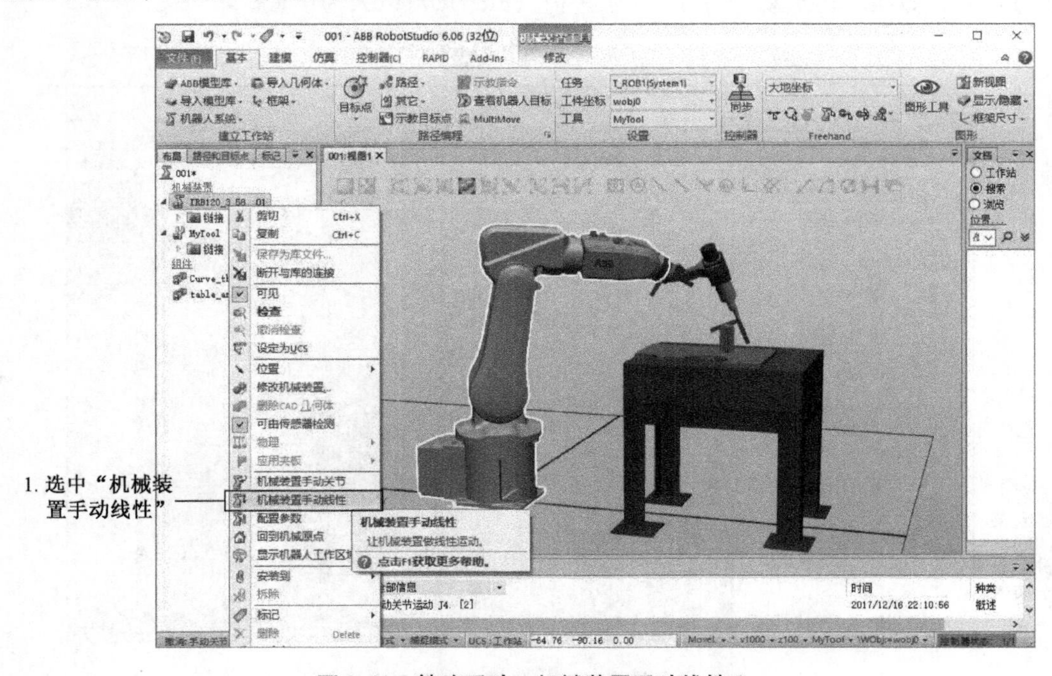

图 2-41　精确手动 – 机械装置手动线性 1

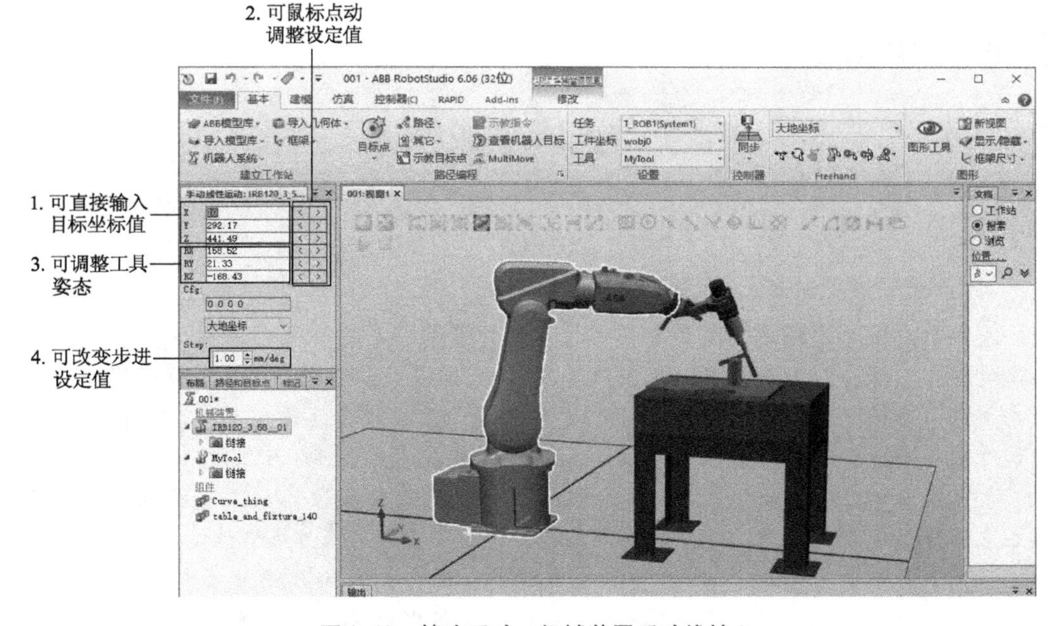

图 2-42　精确手动－机械装置手动线性 2

三、回到机械原点

当需要机器人回到初始位置时，可以通过机器人的“回到机械原点”选项来自动实现：在“布局”列表中单击“IRB120_ 3_ 58_ 01”，在菜单中选择“回到机械原点”即可，如图 2-43 所示。需要说明的是，图示中的 6 轴机器人并不是所有轴都回归到 0°位置，其中的第 5 轴会回复到 30°位置，这样的状态更便于机器人工作。

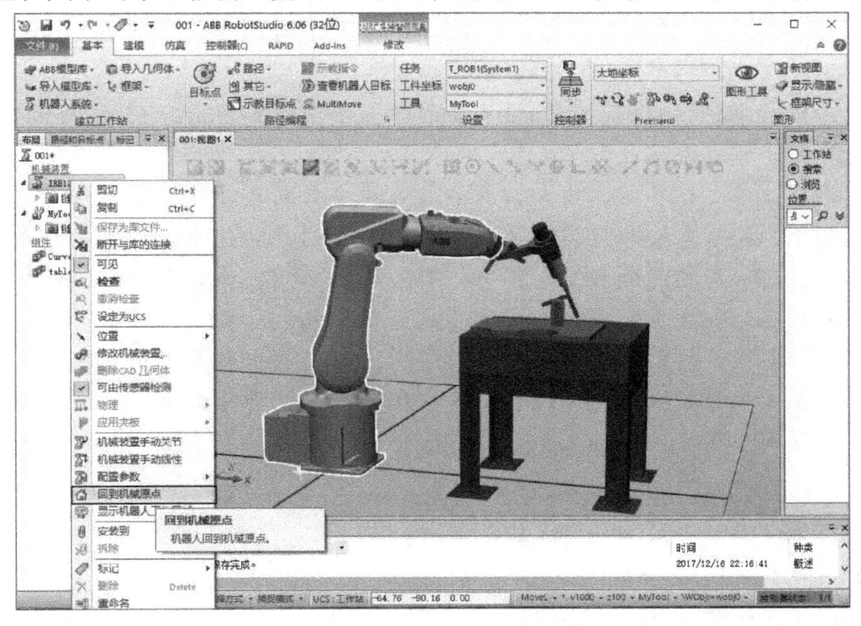

图 2-43　回归机械原点操作

项目拓展

虚拟仿真技术与工业仿真技术

一、虚拟仿真

1. 什么是虚拟仿真

虚拟仿真又称虚拟现实技术或模拟技术，就是用一个虚拟的系统模仿另一个真实系统的技术。从狭义上讲，虚拟仿真是指20世纪40年代伴随着计算机技术的发展而逐步形成的一类试验研究的新技术；从广义上来说，虚拟仿真则是在人类认识自然界客观规律的历程中一直被有效地使用着。由于计算机技术的发展，仿真技术逐步自成体系，成为继数学推理、科学实验之后人类认识自然界客观规律的第三类基本方法，而且正在发展成为人类认识、改造和创造客观世界的一项通用性、战略性技术。

同时，人们对仿真技术的期望也越来越高，过去，人们只用仿真技术来模拟某个物理现象、设备或简单系统；今天，人们要求能用仿真技术来描述复杂系统，甚至由众多不同系统组成的系统体系。这就要求仿真技术进一步发展，并吸纳、融合其他相关技术。

虚拟现实（Virtual Reality）技术，简称VR，是20世纪80年代新崛起的一种综合集成技术，涉及计算机图形学、人机交互技术、传感技术、人工智能等。它由计算机硬件、软件及各种传感器构成的三维信息的人工环境——虚拟环境，可以逼真地模拟现实世界（甚至是不存在的）的事物和环境，人投入这种环境中，立即有“身临其境”的感觉，并可亲自操作，自然地与虚拟环境进行交互。

VR技术主要有三方面的含义：第一，借助于计算机生成的环境是虚幻的；第二，人对这种环境的感觉（视、听、触、嗅等）是逼真的；第三，人可以通过自然的方法（手动、眼动、口说、其他肢体动作等）与这个环境进行交互，虚拟环境还能够实时地做出相应的反应。

虚拟仿真技术是在多媒体技术、虚拟现实技术与网络通信技术等信息科技迅猛发展的基础上，将仿真技术与虚拟现实技术相结合的产物，是一种更高级的仿真技术。虚拟仿真技术以构建全系统统一的、完整的虚拟环境为典型特征，并通过虚拟环境集成与控制为数众多的实体。实体可以是模拟器，也可以是其他的虚拟仿真系统，也可用一些简单的数学模型表示。实体在虚拟环境中相互作用，或与虚拟环境作用，以表现客观世界的真实特征。虚拟仿真技术的这种集成化、虚拟化与网络化的特征，充分满足了现代仿真技术的发展需求。

2. 虚拟仿真技术的特征

虚拟仿真技术具有以下4个基本特性。

（1）沉浸性（Immersion）

虚拟仿真系统中，使用者可获得视觉、听觉、嗅觉、触觉、运动感觉等多种感知，从而获得身临其境的感受。理想的虚拟仿真系统应该具有能够给人所有感知信息的功能。

（2）交互性（Interaction）

虚拟仿真系统中，不仅环境能够作用于人，人也可以对环境进行控制，而且人是以近乎自然的行为（自身的语言、肢体的动作等）进行控制的，虚拟环境还能够对人的操作予以实时的反应。例如，当飞行员按动导弹发射按钮时，会看见虚拟的导弹发射出去并跟踪虚拟的目标；当导弹碰到目标时会发生爆炸，能够看到爆炸的碎片和火光。

（3）虚幻性（Imagination）

虚拟仿真系统中的环境是虚幻的，是由人利用计算机等工具模拟出来的。它既可以模拟客观世界中以前存在过的或是现在真实存在的环境，也可模拟出客观世界中当前并不存在的但将来可能出现的环境，还可模拟客观世界中并不会存在的而仅仅属于人们幻想的环境。

（4）逼真性（Reality）

虚拟仿真系统的逼真性表现在两个方面：一方面，虚拟环境给人的各种感觉与所模拟的客观世界非常相像，一切感觉都是那么逼真，如同在真实世界一样；另一方面，当人以自然的行为作用于虚拟环境时，环境做出的反应也符合客观世界的有关规律。如当给虚幻物体一个作用力，该物体的运动就会符合力学定律，会沿着力的方向产生相应的加速度；当它遇到障碍物时，会被阻挡。

二、工业仿真技术

虚拟现实工业仿真平台具有强大的物理实时计算功能，能够真实地模拟场景重力、环境阻尼等环境特性，真实地模拟刚体动力学特性，提供了多种动力学交互手段，并能支持多种高速运算的碰撞替代体。它为广大工业仿真用户提供了仿真手段，使此前许多只能停留于想法的优秀互动仿真创意方案轻而易举地、完美地呈现于眼前，如图 2-44 所示。

图 2-44　工业仿真建模

工业仿真技术作为工业生产制造中必不可少的首要环节，已经被世界上众多企业广泛应用到工业各个领域中。随着智能制造、工业 4.0 和工业互联网等新一轮工业业革命的兴起，新技术与传统制造的结合催生了大量新型应用，工业仿真软件也开始结合大数据、虚拟现实、大规模数值模拟等先进技术，在研发设计、生产制造、服务管理和维护反馈等工业各环节中凸显出更重要的作用。

工业仿真是对实体工业的一种虚拟，将实体工业中的各个模块转化成数据整合到一个虚拟的体系中，在这个体系中模拟实现工业作业中的每一项工作和流程，并与之实现各种交互。工业仿真软件承担着对生产制造过程中的建模分析、虚拟现实交互、参数效果评估等重要任务，单纯的建模软件可视为 CAD（计算机辅助设计）软件，而当前仿真和分析常常会结合在一起，通常提到仿真软件，主要是指 CAE（计算机辅助工程）软件。随着 3D、虚拟现实、大数据、云计算、人工智能等新技术逐渐进入工业仿真领域，工业软件对工业元素描述更精确、更细致，仿真模型得到持续动态优化，软件与工业实际应用结合更紧密，虚拟仿真软件成为工业软件未来发展重点。

（注：部分素材源于百度百科 baike. baidu. com 和 OFweek 工控网 gongkong. ofweek. com）

项目小结

工业机器人操作的学习过程中，仿真平台的作用不可忽视。好的仿真平台不但可以帮助初学者快速掌握基本操作知识，还可以与真实机器人系统进行通信，便于对机器人进行监控、程序修改、参数设定、文件及系统的备份与恢复等操作。带仿真功能的离线编程工具平台日渐成为工业机器人应用领域不可或缺的工具。

工业机器人配套的软件资源，一般情况下随产品附赠，可直接获得，也可在机器人厂商网站下载。软件的安装过程中对计算机软硬件环境都有一定的要求，必须要满足，否则会导致仿真平台运行中出现各种错误。

想要发挥仿真软件的作用，还要使用者创建自己的仿真系统平台。简单工业机器人基本仿真工作站布局主要功能性模块一般包括机器人本体、工作台、工作对象（工件）、工具等。如机器人需要移动则需要考虑添加导轨，如工作中需要工件配合机器人变换位置则需要添加工件变位机。新工作站布局的创建需要经过导入机器人本体、工作台，加载工具，然后生成机器人系统的流程。

工业机器人的手动操作一共有手动关节、手动线性和手动重定位运动三种方式。在仿真平台中，这三种运动的实现可以有两种途径：一种是通过虚拟示教器中的来模拟真实机器人操作来实现，另一种是在软件界面中直接设置。直接设置可以通过直接拖动鼠标和精确手动控制方式来实现。

思考与练习

1. 在 ABB 机器人官网下载资源 RobotStudio，独立完成软件的安装与配置。

2. 独立创建以 IRB2600 型机器为核心的工作站布局，要求加装弧焊工具，配置工作台。

3. 基于题目 2 的工作站布局创建机器人系统，要求配置合理，能够正常运行。

项目三 工业机器人示教器的使用

项目要求

1. 掌握工业机器人示教器的语言、系统时间等基本项设定方法;
2. 熟悉工业机器人的安全操作规则,能够应付突发状况;
3. 掌握机器人数据的备份与恢复方法。

任务一 示教器的基本配置

工业机器人的示教器(FlexPendant)是机器人系统人机交互的关键设备,依托示教器可以实现机器人的手动操纵、程序编写、参数配置及状态监控,是最常见的机器人手持控制装置。

一、示教器的结构

不同品牌的机器人示教器功能基本相同,结构稍有不同。ABB 机器人示教器基本上可以看作运行 WINCE 系统的触屏式手持终端,其外观及结构如图 3-1 所示。

示教器的设计符合人体工程学,既考虑了安全防护的需要,也保证了正确的握持方式,可以减轻操作中的指掌疲劳状态。示教器上的安全设置按钮主要有急停开关和使能按钮。急停开关的使用与所有的机电设备的急停设定一致:手掌用力拍下,系统停机。使能按钮则是在操作过程中四指微微用力压,只有力度合适才能保证机器驱动电机处于上电受控状态,一旦有紧急情况发生,无论操作人员的反应是用力捏紧还是放松,驱动电机都会立即进入保护停止状态。示教器的正确握持方式和使能按钮的使用如图 3-2 和图 3-3 所示。

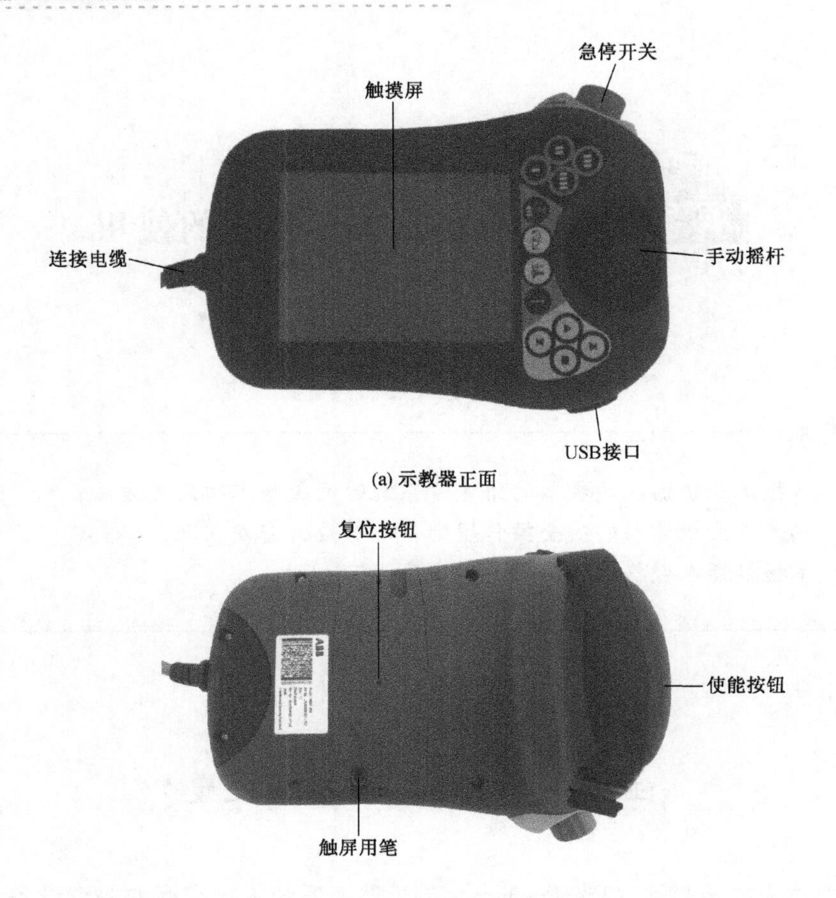

(a) 示教器正面

(b) 示教器反面

图 3-1　示教器外观结构

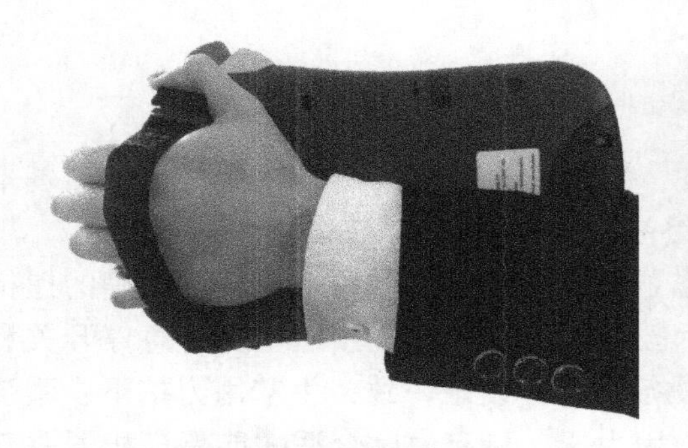

图 3-2　示教器握持方法

图 3-3　示教器使能按钮的使用

二、示教器显示语言设定

ABB 示教器在显示语言方面支持全球 20 种主要语种，但是，设备出厂的系统默认显示语言是英文。对大部分人而言，母语操作便于正确理解操作指示，最大限度地避免因理解偏差导致误操作，可提高操作效率，所以需要进行显示语言的设置。要通过示教器进行参数设置，在机器人系统正常启动后，必须保证控制柜面板上带钥匙的控制模式开关切换到手动状态（面板上有手形图标）。

显示语言设置的操作流程：单击左上角功能键（图3-4）→进入系统主菜单，点选“Control Panel”（见图3-5）→进入控制面板界面，选择项目“Language”（见图3-6）→在弹出的新窗口中选择中国国旗标志对应的选项（见图3-7）→在弹出的对话框中选择“Yes”（见图3-8），设置完成，示教器重启进入中文界面（见图3-9）。

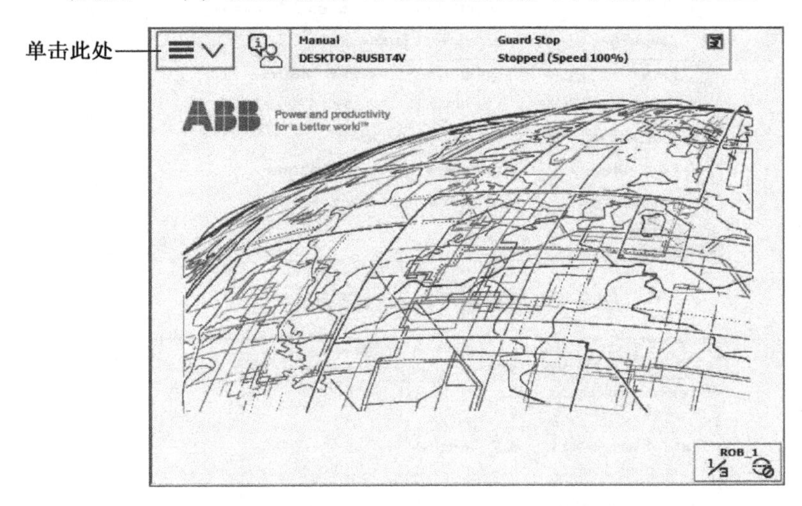

图3-4　示教器默认英文界面

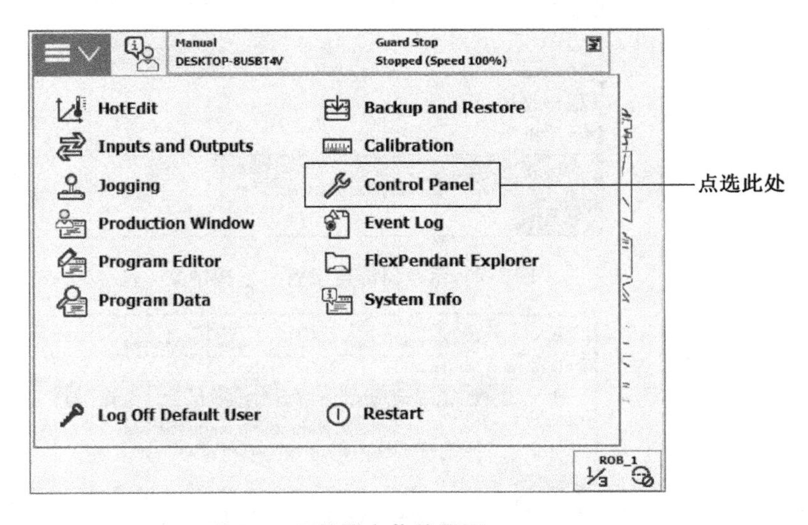

图3-5　示教器主菜单界面

提　示

> 示教器的主菜单中列出了可通过其查看或设置的所有重要功能选项，在机器人现场操作时，通过这些选项可以完成机器人操作、设置、编程、调试等所有项目，是机器人系统中的最重要的人机交互界面。

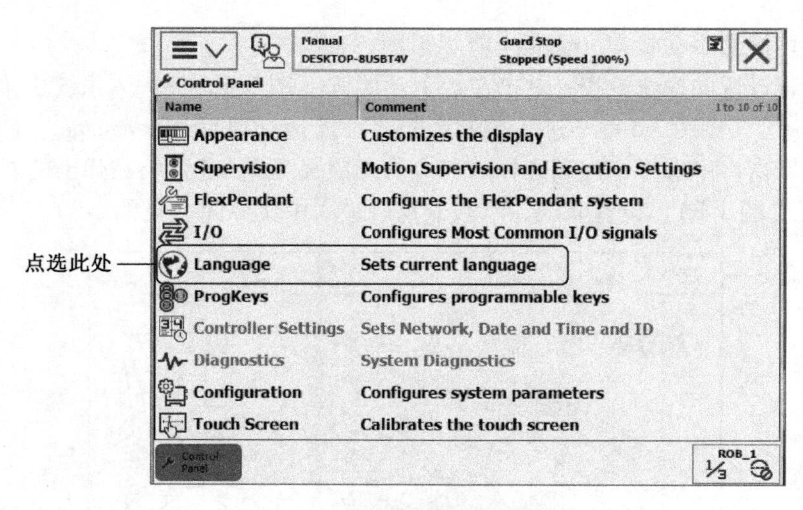

图 3-6　示教器控制面板界面

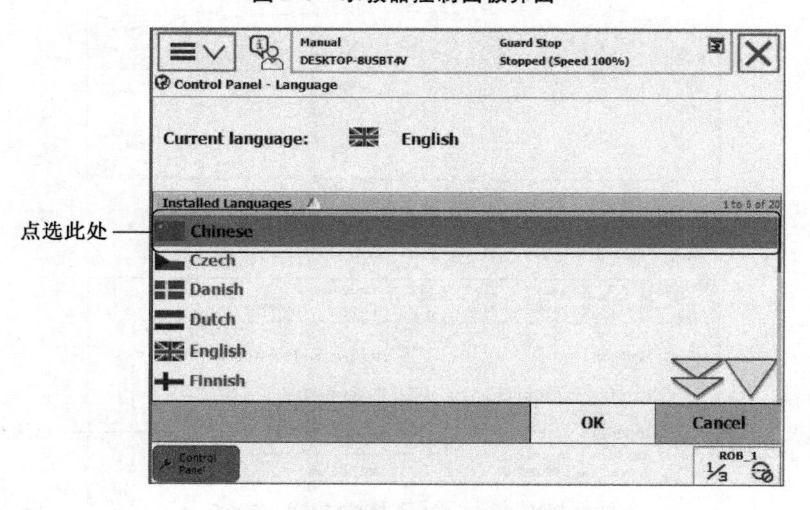

图 3-7　示教器语言设置－选择中文

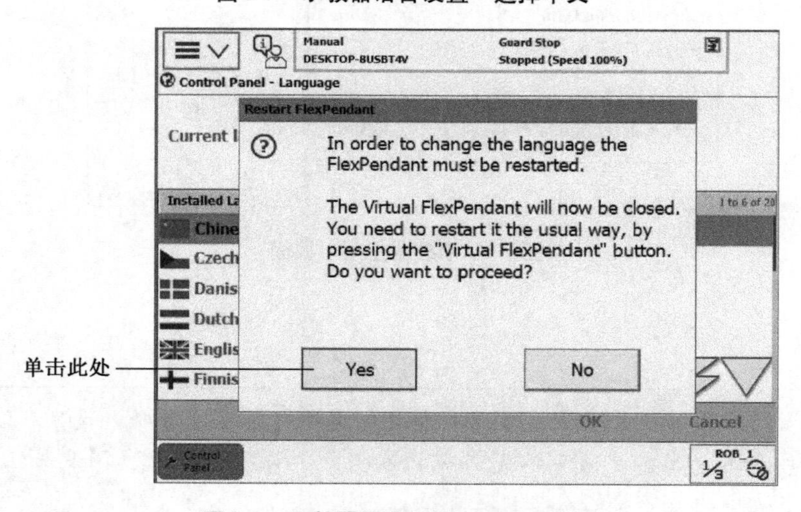

图 3-8　示教器语言设置－重启示教器

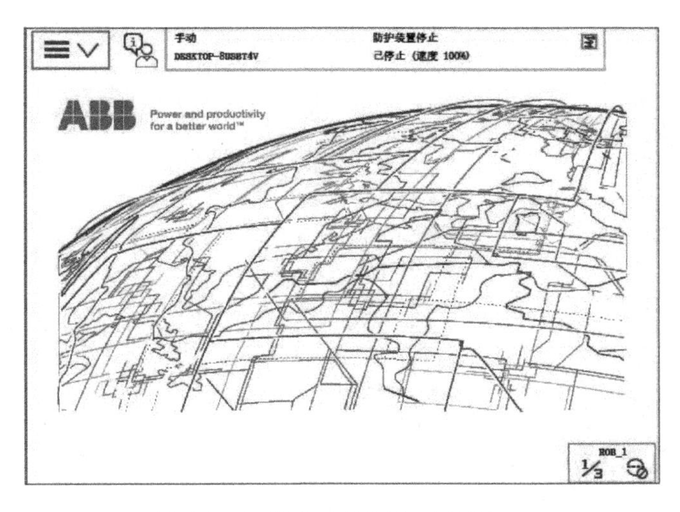

图 3-9　示教器语言设置－设置效果

三、系统时间设定

为了方便文件的管理和故障事件检索，一般在进行各项操作之前都要将机器人系统的时间设定为本地时间。

系统时间设定的具体操作流程：点选示教器屏幕左上角功能按钮→在打开的主菜单（见图 3-10）中选择“控制面板”→在“控制面板”界面中选择“控制器设置”（见图 3-11）→进入设置界面设置时间后选择“确定”即可。时间的具体设置就不再赘述。

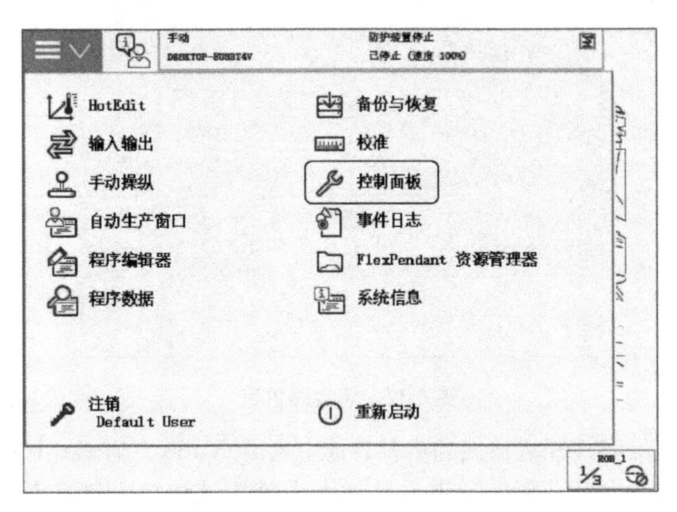

图 3-10　系统主菜单界面

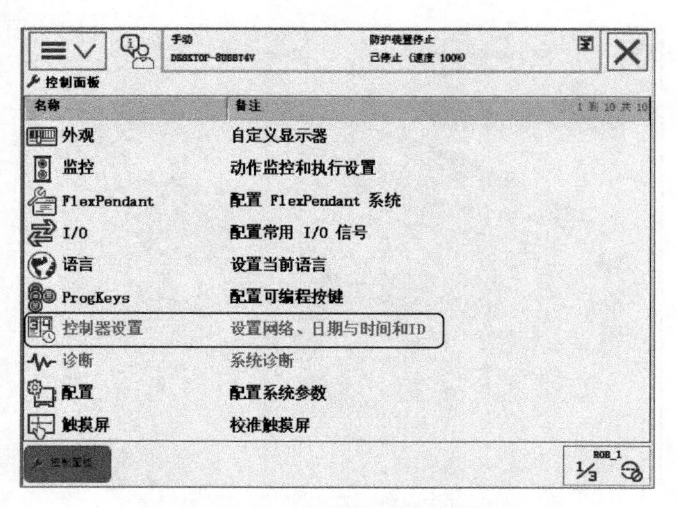

图 3-11　进入控制面板界面

四、事件日志的查看

通过观察示教器界面上部的显示系统状态的条形区域（即状态栏，见图 3-12），可以了解机器人的控制状态是自动、手动，还是全速手动，了解机器人系统信息，还可以知道机器人电动机和程序运行状态及外轴使用状况。

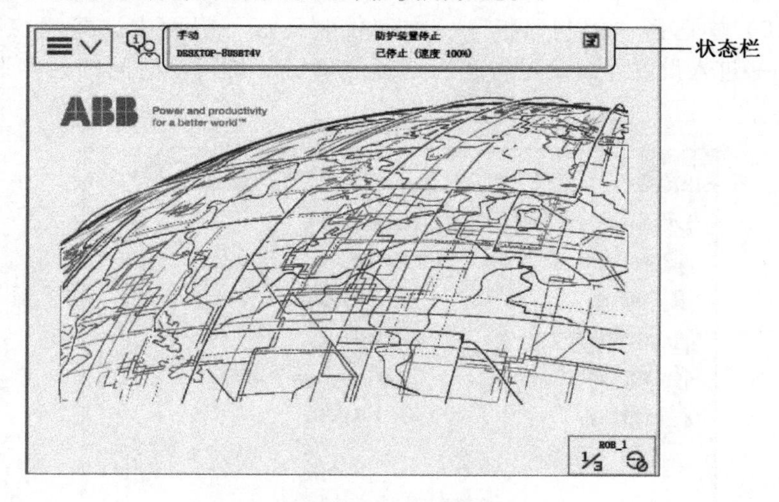

图 3-12　示教器首页

单击状态栏就可以打开机器人的事件日志（见图 3-13），清晰地把握机器人启动后所有动作序列和错误信息，事件日志为机器人系统调试和故障排除提供依据，它对操作、维护、编程人员有着重要的意义。

手动 DESKTOP-RUBBT4V　防护装置停止 已停止（速度 100%）

事件日志 - 公用

点击一个消息便可打开。

代码	标题	日期和时间
10015	已选择手动模式	2017-12-19 21:17:04
10012	安全防护停止状态	2017-12-19 21:17:04
10017	已确认自动模式	2017-12-19 21:17:00
10010	电机下电（OFF）状态	2017-12-19 21:16:57
10140	调整速度	2017-12-19 21:16:57
10016	已请求自动模式	2017-12-19 21:16:57
10015	已选择手动模式	2017-12-19 21:06:29
10012	安全防护停止状态	2017-12-19 21:06:29
10011	电机上电(ON) 状态	2017-12-19 20:52:23

另存所有日志为...　删除　更新　视图

ROB_1

图 3-13　事件日志查看

五、虚拟示教器的使用

RobotStudio 软件搭建的机器人仿真系统可以仿真机器人所有动作和功能，其中就包括对机器人示教器的仿真，仿真的示教器模型称为虚拟示教器。虚拟示教器可以再现现场示教器操作的所有过程、功能；同时在保障机器人系统与运行仿真软件的计算机系统正确通信的情况下，通过虚拟示教器可以监看现场示教器的所有操作。因此，在学习过程中，为了防止因不熟练而误操作，从而对人身和设备安全带来危害，建议初学者先在仿真系统熟悉流程和具体操作。

1. 虚拟示教器的启动

打开已建立的机器人仿真系统，控制器状态显示已启动的情况下，打开工作站文件“001. rsstn”→选择“控制器”选项卡→单击示教器图标或单击图标右侧三角打开下拉菜单选择“虚拟示教器”（见图 3-14），就可启动虚拟示教器。启动后的虚拟示教器如图 3-15 所示。

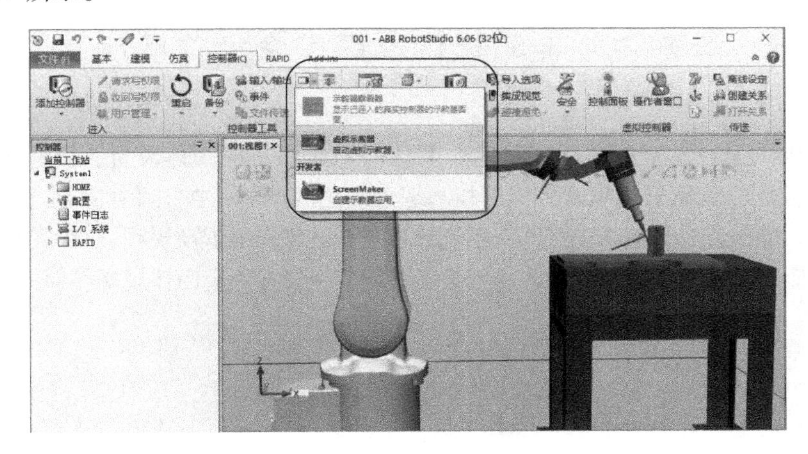

图 3-14　启动虚拟示教器

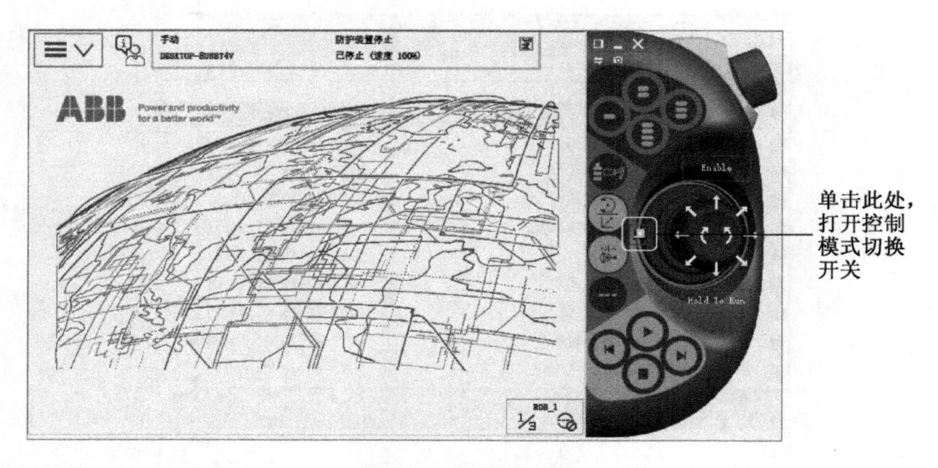

图 3-15 虚拟示教器

2. 控制模式的切换

在通过示教器进行各种操作设置之前，必须将控制模式切换到手动。如要在虚拟控制器中切换，可以单击图 3-15 所标注的位置，得到控制模式切换开关的仿真界面，如图 3-16 所示；如果是真机操作，在控制柜面板上找到同样的形状开关即可。

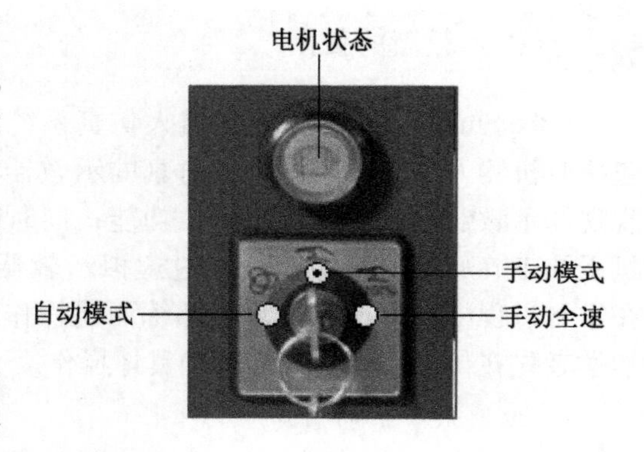

图 3-16 控制模式切换开关

3. 虚拟示教器显示异常的处理

虚拟示教器模块的运行需要一个名为“KETOPAPI. DLL”的动态链接库文件，会被某些杀毒软件（如毒霸）误报为特洛伊木马病毒，然后被删除到隔离区。遇到这种情况，只需把该文件设置为“信任”，然后进行恢复设置即可。

任务二 工业机器人的安全操作规程

工业机器人是技术密集度及自动化程度很高的典型机电一体设备。工业机器人是计算机、自动控制、传感器、精密机械等技术综合应用的产物，在工业生产各个领域中的地位日趋重要。操作者充分地认识机器人系统的相关安全操作知识及规程，有利于充分发挥机器人优异性能，既能保护操作者的人身安全，又能确保设备不会因违规操作而损坏。

一、对于操作人员的要求

1. 具备必需的专业基础知识及基本技能

作为现代工业各项高端技术的综合体，机器人涉及的学科领域比较多，虽然不要求操作者对各领域的知识有深层次的掌握，但是必要的一些机械、电子、电气、液压与气动、自动控制甚至是计算机等相关的常识还是不可或缺的。这就意味工业机器人的操作人员具备的知识技能覆盖面必须足够宽。

2. 操作人员必须头脑清醒，反应迅速

清醒的头脑能够确保操作人员遇事冷静，对现场各种情况做出准确判断、正确应对。当然，准确判断和正确应对也源于扎实的基础知识和足够的强化训练。

3. 必须具备相应安全生产常识

要求操作人员牢记操作规程、用电及防火等安全生产常识，能够熟练使用常见的消防设施，同时也要具备一定的紧急救护常识。

二、常见安全问题的应对措施

1. 安全用电

工业机器人系统安全从用电角度有如下几个层级：首先，总电源要配备带过载保护的空气开关，如遇系统过载自动断电以保护人员和设备；其次，系统控制柜及示教器本身的急停开关可保证人员在设备使用、维护和调试中及时切断电源，防止造成进一步伤害；最后，ESD（静电放电）对精密敏感型电子设备有很大的危害，需要操作人员采取携带静电手环等措施放电。

2. 保证人机间有足够的安全距离

无论是工作过程中还是现场操作中，必须要保证人和机器人设备之间有足够的安全距离，确保工作人员始终处于机器人工作区域之外。具体的措施可以选择设置警戒线提醒、安全隔离围挡、光幕报警器警示等方式。

如因工作需要，操作人员必须进入机器人工作区域，应在关闭主电源的情况下进入。如必须进行现场带电调试操作而进入工作区，则必须随身携带示教器，遇紧急情况时可确保能够随时按下急停开关。

调试操作过程中应选择手动操作机器人系统，尤其是在工作区域有其他工作人员的情形下。同时，在工作区域进行维护调试操作时应尽量远离旋转等快速运动的工具，也要远离机器人系统中高温部件，以防止人员受到伤害。

3. 正确操作、使用设备

对于系统中灵敏度高的精密电子设备应小心操作，严格按照设备操作手册进行，避免因操作不当引起故障和损害。操作过程中不能摔打、抛掷或重击设备，不能用锋利的物体操作示教器触摸屏设备。电子设备清洁时禁止使用有机溶剂、酸性碱性洗涤剂，应采用软布蘸清水或中性洗涤剂来清洁。

4. 熟练掌握防火措施

对于工业机器人系统，因现场有电气设备，如遇火灾，应采取如下措施：首先，切断电源；其次，撤离人员，安置伤员；最后，进行灭火作业。因工业机器人系统属于机电一体化设备系统，灭火时严禁使用水、砂、干粉等灭火药剂，应采用二氧化碳灭火器。

三、常见安全符号

机器人系统安全标签上的常见标志见表 3-1。

表 3-1　机器人系统安全标签上的标志

序号	标志	标志描述
1		警告！ 如果不依照说明操作，可能会发生事故，造成严重的人员伤害（可能致命）和/或重大的产品损坏。该标志适用于以下险情：触碰高压电气单元、爆炸、火灾、吸入有毒气体、挤压、撞击、高空坠落等。
2		注意！ 如果不依照说明操作，可能会发生造成人员伤害和/或产品损坏的事故。该标志适用于以下险情：灼伤、眼部伤害、皮肤伤害、听力损伤、挤压或滑倒、跌倒、撞击、高空坠落等。此外，它还适用于某些涉及功能要求的警告消息，即在装配和移除设备过程中出现有可能损坏产品或引起产品故障的情况时，就会采用这一标志。
3		禁止 与其他标志组合使用。
4		请参阅用户文档 请阅读用户文档，了解详细信息。
5		在拆卸之前，请参阅产品手册
6		不得拆卸 拆卸此部件可能会导致伤害。
7	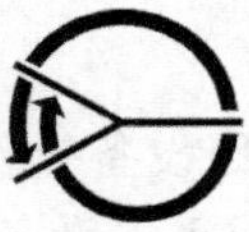	旋转更大 此轴的旋转范围（工作区域）超过标准范围。
8		制动闸释放 按此按钮将会释放制动闸。这意味着机器人可能会掉落。
9	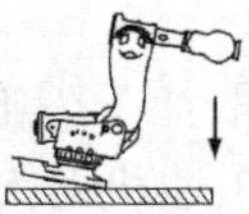	拧松螺栓有倾翻风险 如果螺栓没有固定牢靠，机器人可能会翻倒。

续表

序号	标志	标志描述
10		挤压 挤压伤害风险。
11		高温 存在可能导致灼伤的高温风险。
12		机器人移动 机器人可能会意外移动。
13		储能 此部件蕴含储能。与不得拆卸标志一起使用。
14	bar Max	压力 警告此部件承受了压力。通常另外印有文字，标明压力大小。
15	0 1	使用手柄关闭 使用控制器上的电源开关。
16		不得踩踏 警告如果踩踏这些部件，可能会造成损坏。

任务三　机器人数据的备份与恢复

数据备份是容灾的基础，广义的备份是指为防止系统出现操作失误或系统故障导致数据丢失，而将全部或部分数据集合从应用主机复制到其他的存储介质的过程。传统的数据备份主要是采用内置或外置的磁带机进行备份。

工业机器人的数据备份方式主要是通过把系统内的程序和参数打包成一个文件夹，备份到内部存储器（硬盘）或外部存储器（U 盘）。定期对机器人数据进行备份处理是保障机器人正常工作，把因系统数据被破坏而对生产造成的影响降到最低的良好习惯。ABB 机器人自带系统备份和数据恢复的功能，当系统出现文件和数据故障时，可以及时将机器人系统恢复到备份时的状态。

1. 系统备份

备份的过程主要在示教器上完成。首先在启动工业机器人后，将机器人切换到手动工作状态，点选示教器屏幕左上角的功能按键进入主菜单，在主菜单中选中“备份与恢复”，如图 3-17 所示。

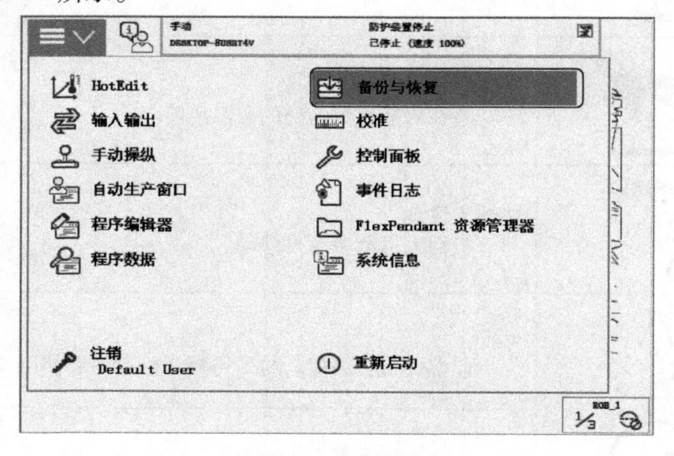

图 3-17　数据备份操作

在弹出的“备份与恢复”界面（见图 3-18）中选中“备份当前系统...”，进入图 3-19 所示设置界面。

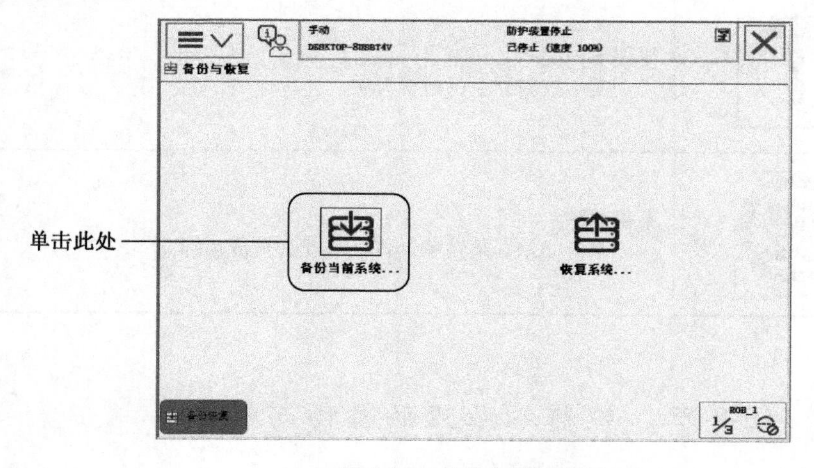

图 3-18　备份与恢复界面

在“备份当前系统”的操作界面（见图 3-19）中，备份文件夹指的是备份后的系统文件是以文件夹为单位保存于存储介质上的，每个文件夹对应着一个系统。图中显示的备份文件夹名称是系统自动生成的，格式是：系统名_Backup_备份年月日. tar，例如备份文件夹名称为“System1_Backup_20171224. tar”。当然也可以由用户自定义。图中显示的备份路径是系统备份的默认路径，指向的是机器人系统软件运行所在的内部存储器上，一般为固态硬盘，如需要在系统默认的文件进行备份，就直接单击“备份”按钮即可。如需要保存在外部存储器如 U 盘上，首先应点选“...”按钮，然后可按照

图 3-20 提示操作。

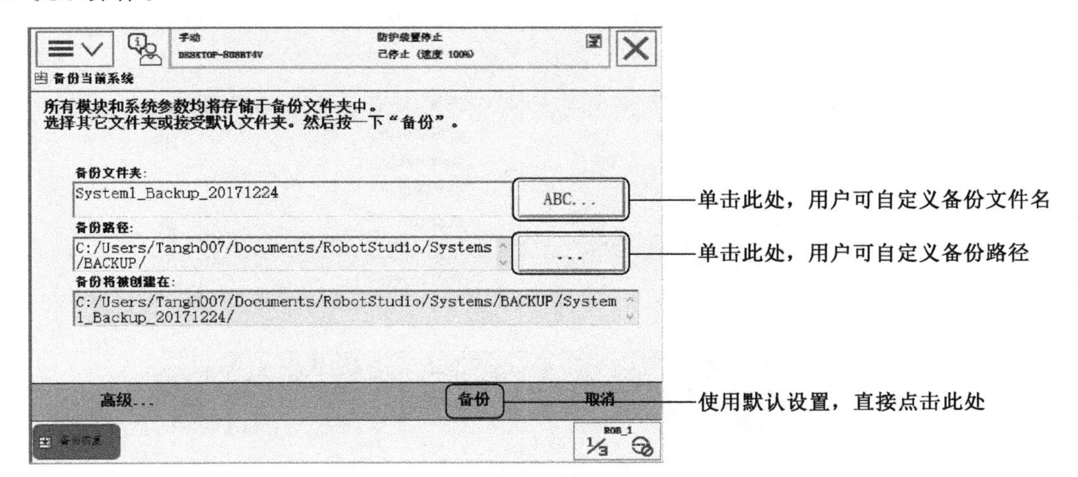

图 3-19　备份设置界面

图 3-20 主窗口中所显示的就是系统默认的“BACKUP”文件夹中已备份的文件列表。如需将系统备份到用户自定义的位置，如定义至用户的 U 盘（对应的盘符为 H:），则可以单击“向上”按钮，直接到如图 3-21 所示软件系统根目录。

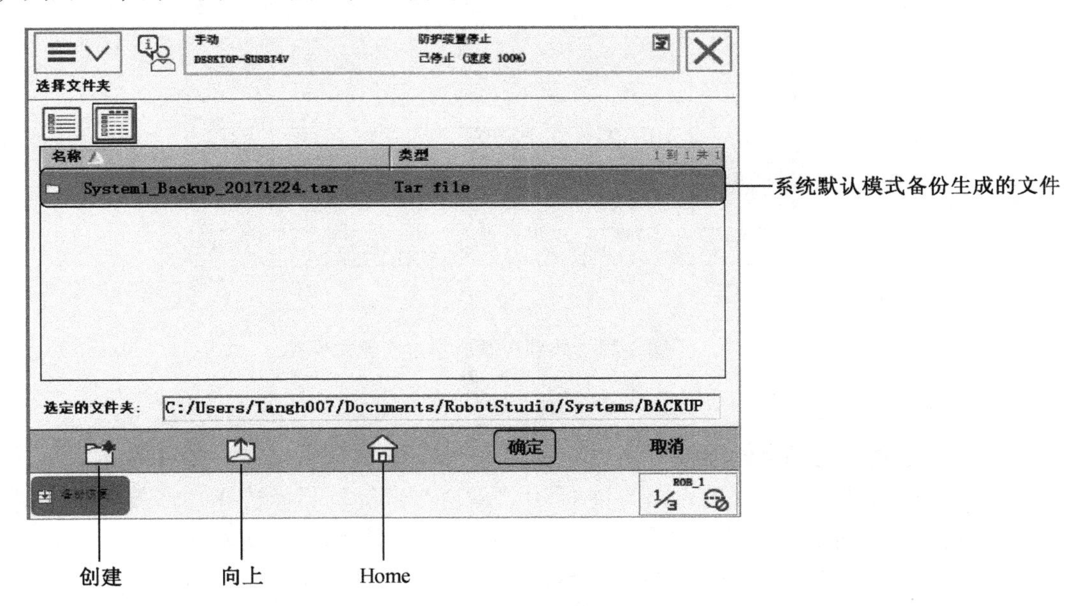

图 3-20　自定义路径设置

在图 3-21 所示界面中选择外接 U 盘对应的盘符“H:”，然后点选“确定”即可。如需自定义文件夹，点选图 3-20 中的“创建”按钮，进入图 3-22 所示界面，在窗口中输入要创建的备份的文件名，如“SYSTEM－BACKUP”后单击“确定”按钮。

在出现的文件夹列表中选中“SYSTEM－BACKUP”，然后单击“确认”按钮，界面返回到备份设置界面，与内存储器备份一样直接选择“备份”，就完成了机器人系统文件的外存储器备份操作。

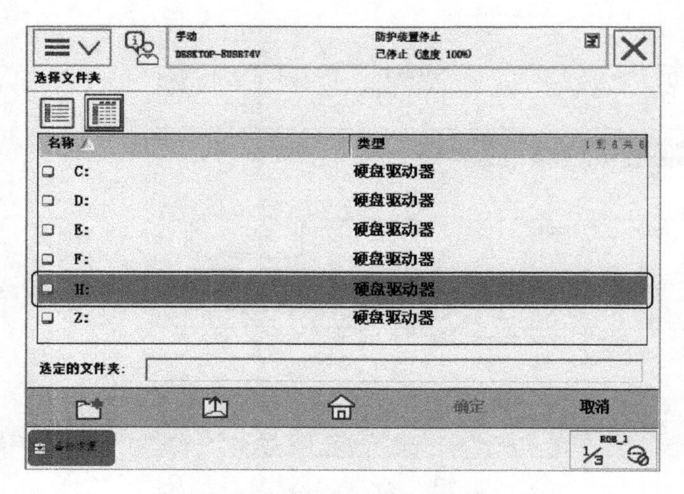

图 3-21　选择外部存储器备份

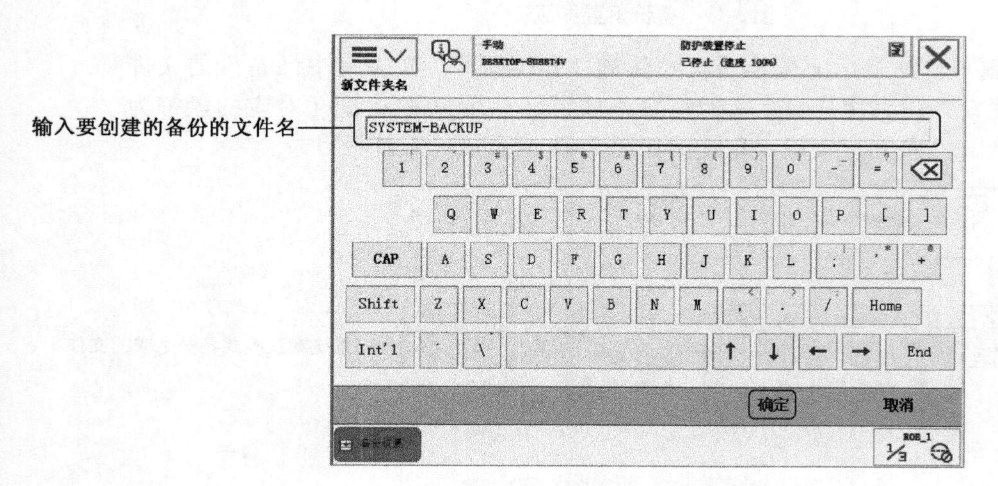

图 3-22　外部存储器中生成新文件夹

2. 系统恢复

无论是从内部存储器恢复系统还是从外部存储器恢复系统，操作基本相同，首先按照前面所述操作流程进入图 3-18 所示“备份与恢复”界面选择“恢复系统...”，进入如图 3-23 所示“恢复系统”界面。界面中显示的默认路径为最近一次备份所选择路径，图中显示的就是前面向外部存储备份时所生成的路径。因为机器人系统备份文件是以文件夹的形成存在，所以还需要进入所选路径，如图 3-23 所示，选中文件夹“System1_Backup_20171224_1”，单击“确定”就得到如图 3-24 所示界面，界面中显示的是备份过的机器人系统中包含的各级文件夹。单击“确定”进入如图 3-25 所示“恢复系统”界面。在图 3-25 所示“恢复系统”界面中单击“恢复”，得到图 3-26 所示的界面，在弹出的“恢复”窗口（见图 3-26）中单击“是”，确认恢复系统。至此就完成了备份系统文件从外存储器到机器人工控电脑主机的系统恢复过程。

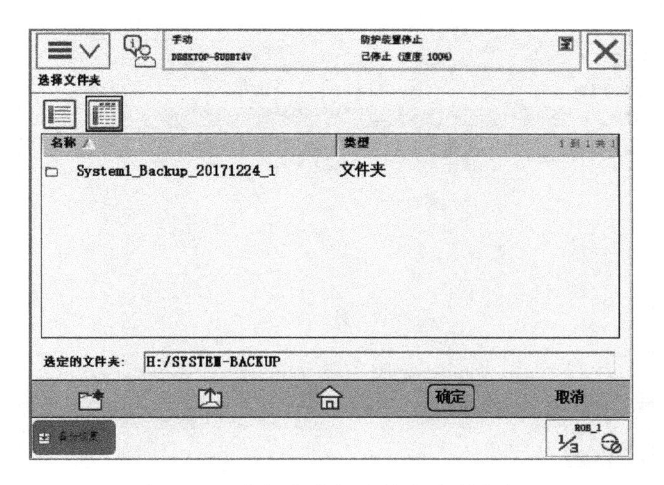

图 3-23　选择生成新文件夹完成备份

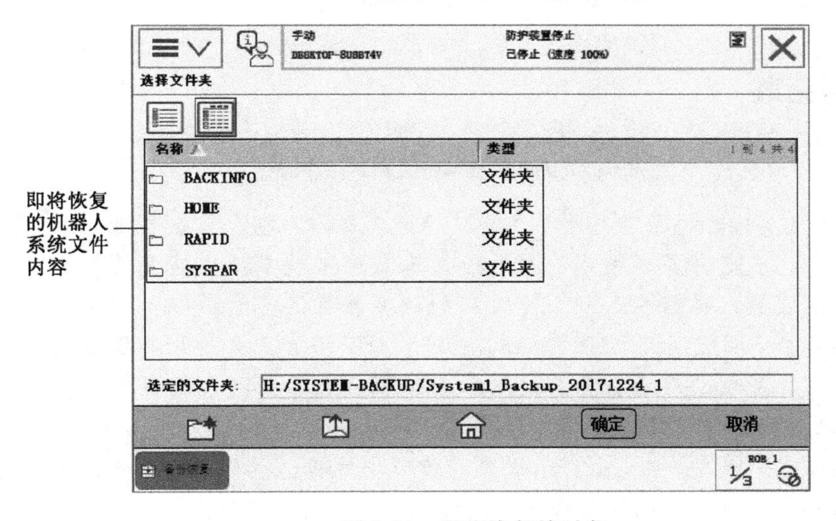

图 3-24　即将恢复的对象

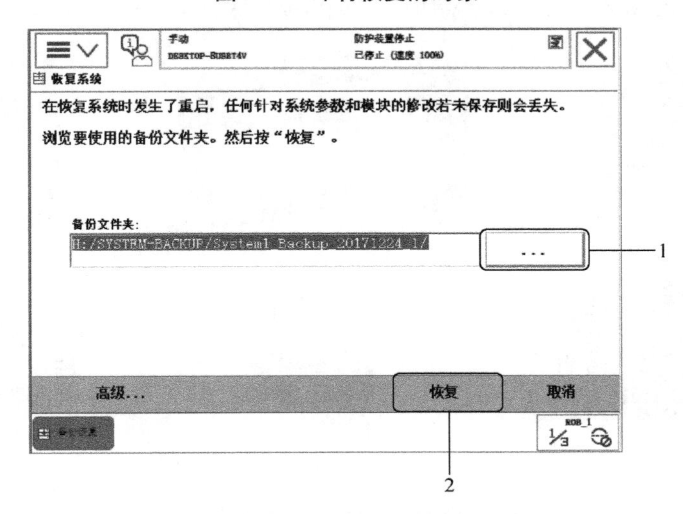

图 3-25　恢复系统界面

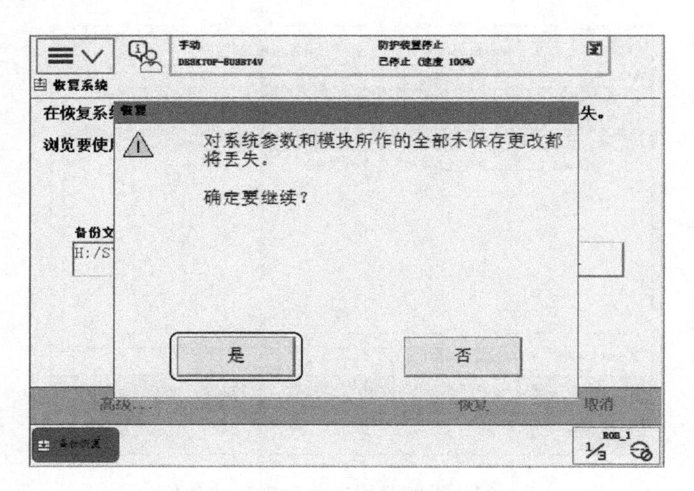

图 3-26　系统恢复确认

项目拓展

工业机器人常见编程方式辨析

进入 21 世纪，机器人已经成为现代工业不可或缺的工具，它标志着工业的现代化程度。近年来，随着计算机技术、微电子技术及网络技术的快速发展，机器人技术也得到了飞速发展。机器人是一个可编程的机械装置，其灵活性和智能性取决于机器人的编程能力。目前，不像数控机床编程有 APT 语言，机器人编程还没有公认的国际标准语言，各制造厂商有各自的机器人编程语言。机器人编程技术的一种发展方向是像 CAD/CAM 那样的离线编程与仿真。

机器人编程可分为三个水平：用示教器进行现场编程，也称在线示教，常见的示教器如图 3-28 所示；直接的机器人语言离线编程，也称离线示教，包括专用机器人语言和添加了机器人库的已有计算机语言；面向任务的机器人编程语言离线编程。

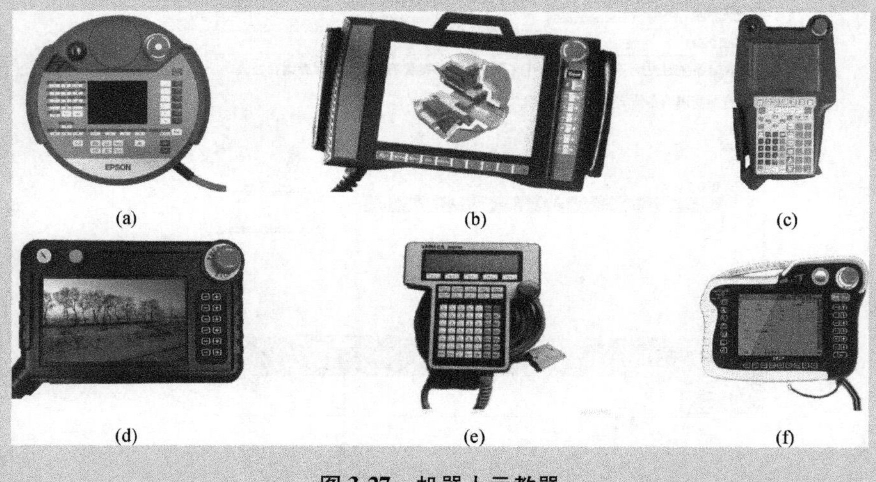

图 3-27　机器人示教器

现有机器人一般都停留前两种编程水平。以焊接机器人为例，焊接时机器人是按照事先编辑好的程序运动的，这个程序一般是由操作人员按照焊缝形状示教机器人并记录运动轨迹而形成的。

示教是一种机器人编程方法，分为三个步骤：示教、存储、再现。“示教”是机器人学习的过程，在这个过程中，操作者要手把手教会机器人做某些动作；“存储”是机器人的控制系统以程序的形式记忆示教的动作；“再现”即机器人根据存储的程序展现示教动作。

示教可分为在线示教和离线示教。

一、在线示教

在线示教是在现场直接对操作对象进行编程的一种方法。目前，相当数量的机器人采用在线示教编程方式。机器人示教后可以立即应用，再现时，机器人重复示教时存入存储器的轨迹和各种操作。如果有需要，以上过程可以重复多次。

1. 在线示教的方法

(1) 人工引导示教

由有经验的操作人员移动机器人的末端执行器，计算机记忆各自由度的运动过程。

(2) 辅助装置示教

对一些人工难以牵动的机器人，如一些大功率或高减速比机器人，可以用特别的辅助装置帮助示教。

(3) 示教盒

为了方便现场示教，一般工业机器人都配有示教盒，它相当于键盘，有回零、示教方式、数字、输入、编辑、启动、停止等键。

2. 在线示教的优缺点

(1) 优点

操作简单方便，不需要环境模型；对实际的机器人进行示教时，可以修正机械结构带来的误差。

(2) 缺点

功能编辑比较困难，难以使用传感器，难以表现条件分支，对实际的机器人进行示教时，要占用机器人。

二、离线示教（编程）

机器人离线示教（编程）克服了在线编程的许多缺点，充分利用了计算机的功能，是计算机图形学的成果。具体编程步骤：建立起机器人及工作环境的几何模型，再利用一些规划算法，通过对图形的控制和操作，在离线的情况下进行轨迹的规划，通过对编程结果进行三维图形的动画仿真，以检验编程的正确性，最后将生成的代码传送至机器人控制系统，以控制机器人的运动，完成给定的任务。

1. 离线示教的方法

(1) 解析示教

将计算机辅助设计的数据直接用于示教，并利用传感技术进行必要的修正。

(2) 任务示教

指定任务及操作对象的位置、形状，由控制系统自动规划运动路径。任务示教是一种发展方向，具有较高的智能水平，目前仍处于研究中。

2. 离线示教的优缺点

(1) 优点

编程时可以不占用机器人，机器人可以进行其他工作；可预先优化操作方案和运行周期时间；可将以前完成的过程或子程序结合到待编程序中去；可利用传感器探测外部信息；控制功能中可以包括现有的CAD和CAM信息，可以预先运行程序来模拟实际动作，从而不会出现危险，利用图形仿真技术可以在屏幕上模拟机器人运动来辅助编程；对于不同的工作目的，只需要替换部分特定的程序。

(2) 缺点

不便于现场操作、工作量大；所需的能补偿机器人系统误差的功能、坐标系数据仍难以得到，精度低。

（注：以上素材源于 OFweek 机器人网）

项目小结

工业机器人的示教器（FlexPendant）是机器人系统人机交互的关键设备，依托示教器可以实现机器人的手动操纵、程序编写、参数配置及状态监控，是最常见的机器人手持控制装置。示教器的设计考虑了安全防护的需要，也保证操作中的舒适性。

示教器的基本操作中首先要完成界面语言设定，ABB 的示教器在显示语言方面支持全球 20 种主要语种，设备出厂的系统默认显示语言是英文，为方便操作需要改成中文。同时，为了方便文件的管理和故障事件检索，一般在进行各项操作之前还要将机器人系统的时间设定为本地时间。通过查看示教器上部事件日志，可以了解机器人的控制状态是自动、手动，还是全速手动，了解机器人系统信息，还可以知道机器人电动机和程序运行状态及外轴使用状况。事件日志为机器人系统调试和故障排除提供依据，对操作、维护、编程人员有着重要的意义。ABB 仿真平台支持虚拟示教器操作，即对机器人示教器的仿真，能够仿真机器人示教器能完成的几乎所有操作项目。

工业机器人是计算机、自动控制、传感器、精密机械等技术综合应用的产物，要想充分发挥机器人效能就必须要求操作者对机器人系统相关安全操作知识及规程有着充分的认识，以期充分发挥机器人优异性能的同时，既能保护操作者的人身安全，又能确保设备不会因违规操作而导致损坏。

工业机器人的数据备份主要是通过把系统内的程序和参数打包成一个文件夹备份到内部数据存储器或外部存储器（U 盘）。定期对机器人数据进行备份处理是保障机器人正常工作，把因系统数据被破坏而导致对生产影响降到最低的良好习惯。ABB 机器人具有系统备份和数据恢复的功能，当系统出现文件和数据故障时，很容易及时将机器人系统恢复到备份时的状态。

思考与练习

1. 熟悉示教器各功能按键的功能，指出示教器上与安全功能相关的设计有哪些，如何操作。

2. 在自建仿真系统中，完成对虚拟示教器的语言界面设置，并实践查找事件日志的操作。

3. 工业机器人系统涉及的常见安全问题的应对措施有哪些？

4. 在自建仿真系统中完成数据备份与恢复文件的操作，要求文件名默认、路径自选。

项目四 工业机器人的手动操控

项目要求

1. 熟练掌握120型工业机器人手动轴运动操作技巧；
2. 熟练掌握120型工业机器人手动线性运动操作技巧；
3. 熟练掌握120型工业机器人手动重定位运动操作技巧；
4. 能够完成工业机器人转数计数器更新操作。

任务一 单轴运动的手动操控

关节型工业机器人的轴分为两类：伺服电机轴和齿轮箱轴。齿轮箱轴经常被称为关节轴，单独一个关节轴的运动就是机器人的单轴运动，简称轴运动。工业机器人各关节的运动就是由伺服电机轴的旋转运动直接或间接取得齿轮箱轴实现的。IRB120 型机器人的各关节轴的位置如图 4-1 所示。手动单轴运动就是每次操纵一个关节轴。

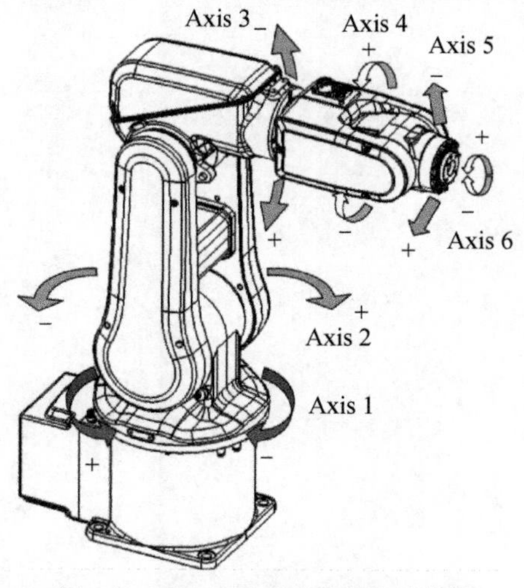

图 4-1 IRB120 型机器人的关节轴

一、手动轴运动模式的设置

首先要打开机器人控制柜的主电源等待机器人启动，然后将控制柜上机器人控制状态钥匙切换到中间档的“手动限速”状态，如图 4-2 所示。

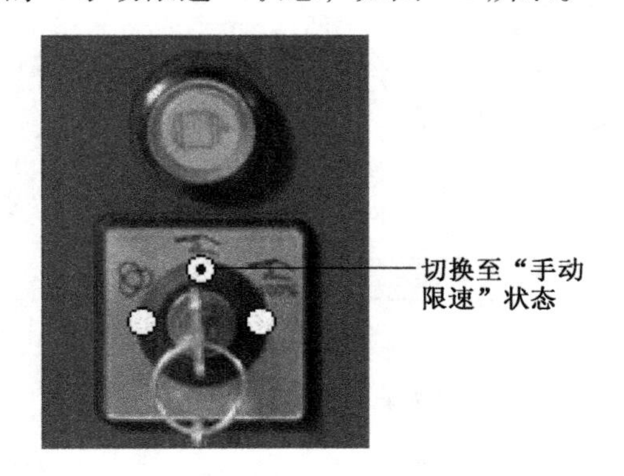

图 4-2　手动限速状态

控制柜状态控制开关切换成功后，确认示教器状态栏显示内容如图 4-3 所示，这就表示设置已生效，机器人切换到了“手动”状态。单击屏幕左上角的功能按钮，进入主菜单。

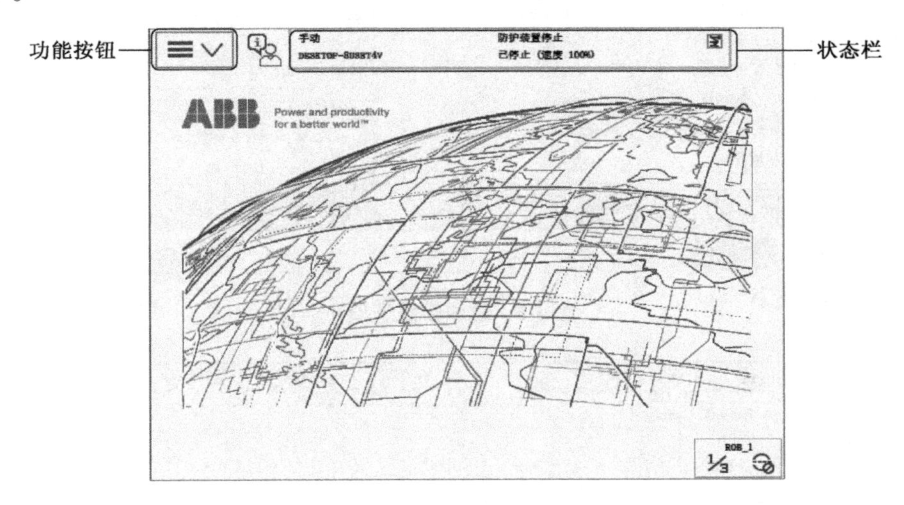

图 4-3　示教器状态

进入主菜单后如图 4-4 所示选择“手动操纵”后进入如图 4-5 所示界面中。在这里需要说明的是，IRB120 机器人的 6 个关节轴在轴运动时为两档控制：轴 1－3 和轴 4－6 轴，每档只能控制三个轴，每组的 3 个轴的控制动作依次对应着示教器操纵杆的左右、上下、顺时针或逆时针的选择，每个关节都有两个运动方向。两档模式的切换在选择“手动操纵”后出现的界面中通过“动作模式”选项完成切换，如图 4-5 和图 4-6 所示，在“轴 1－3”和“轴 4－6”中选择即可。

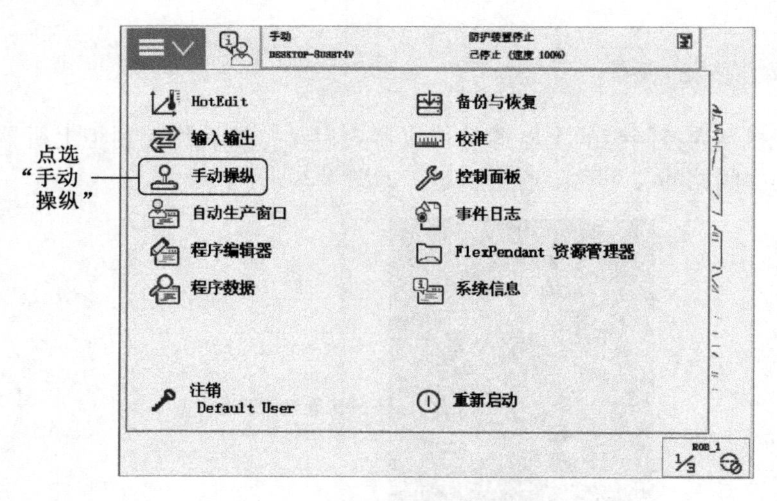

图 4-4　手动操纵选项

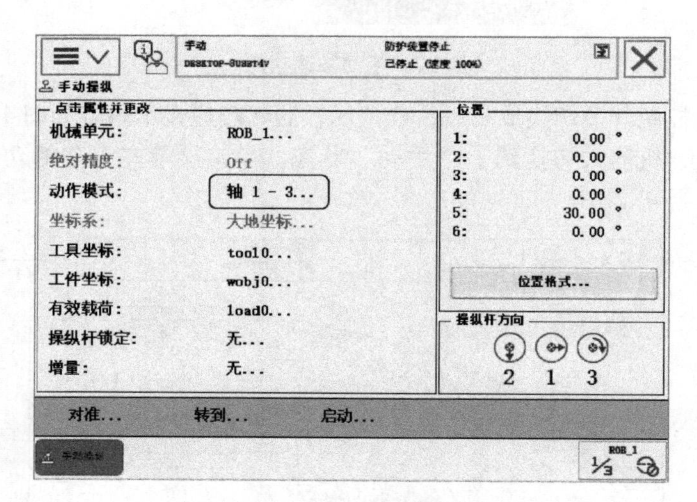

图 4-5　动作模式选项

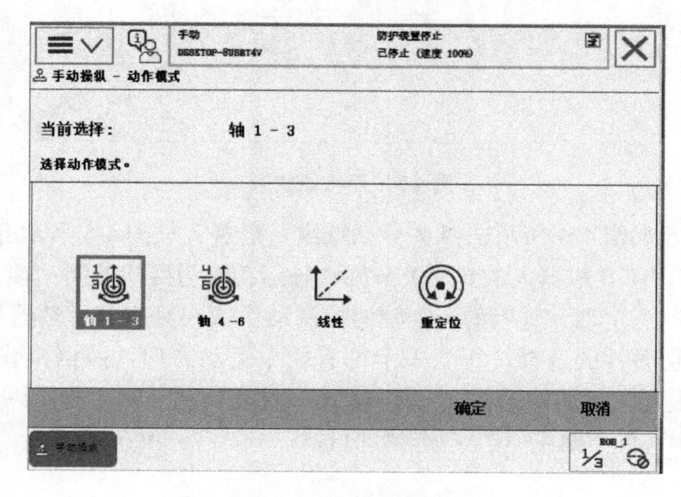

图 4-6　动作模式选择

二、手动单轴运动的操纵

以选择“轴 1－3”动作模式为例来说明手动单轴运动操纵方法：首先，按照项目二中介绍的方法四指轻捏示教器使能器按钮，在力度合适的情况下，示教器界面状态栏会显示由“防护装置停止”状态切换到“电机开启”状态，如图 4-7 所示。然后，抱持示教器正对机器人，此时操纵杆左右摆动可以控制 1 轴左右旋转；操纵杆上下摆动可以控制 2 轴上下旋转；操纵杆顺时针或逆时针旋转可以控制 3 轴逆时针或顺时针旋转。

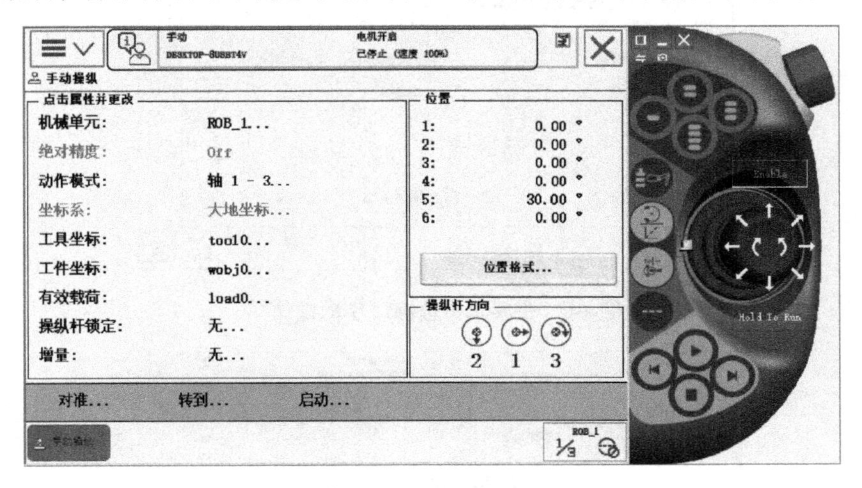

图 4-7 确认电机已开启

提 示

操纵杆在手动操纵时，动作幅度与机器人各关节轴的相应速度成正比。初学者应控制动作幅度，避免动作过大造成机器人运作中出现意外碰撞。同时，从操纵杆动作到机器人响应有些许时间延迟，操作时不能急躁，应等待机器人自然响应，否则机器人运动中同样容易出现意外碰撞。

任务二 线性运动的手动操控

工业机器人的线性运动是指机器人的工具中心点在空间中做线性运动，是各个关节轴协同运动的结果。对于 6 轴的 IRB120 型机器人，就意味着在做线性运动过程中，6 个轴运动的叠加效果保证了工具中心点走的是直线轨迹。

一、手动线性运动模式的设置

手动线性模式的设置与手动单轴运动设置类似，都是在示教器主菜单里选择“手动操纵”，与手动单轴模式设置不同的是在“手动操纵”界面中“动作模式”分项中，选择“线性”即可，具体操作过程如下：

机器人启动后，首先在示教器主页面上单击左上角功能按钮，然后在主菜单中依次选择：“手动操纵”→“动作模式”→“线性”。操作过程参考图4-8、图4-9和图4-10。

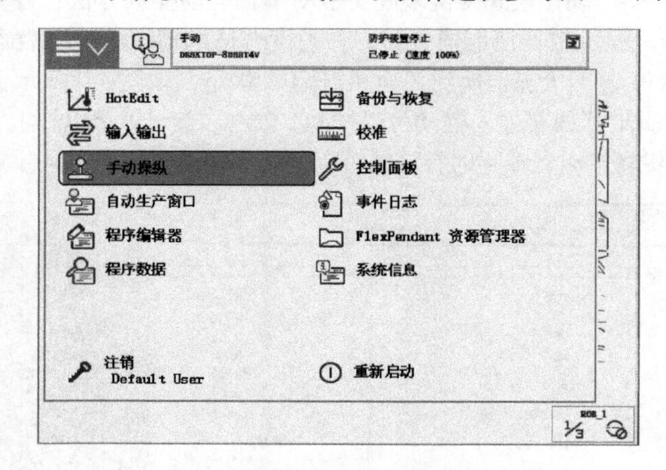

图4-8 主菜单中选择“手动操作”

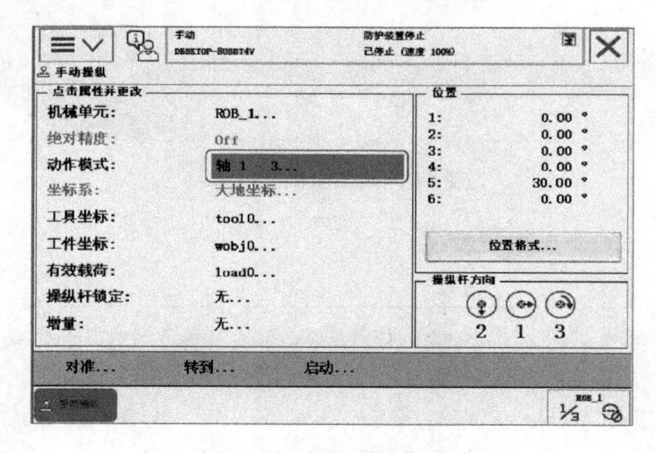

图4-9 动作模式选择

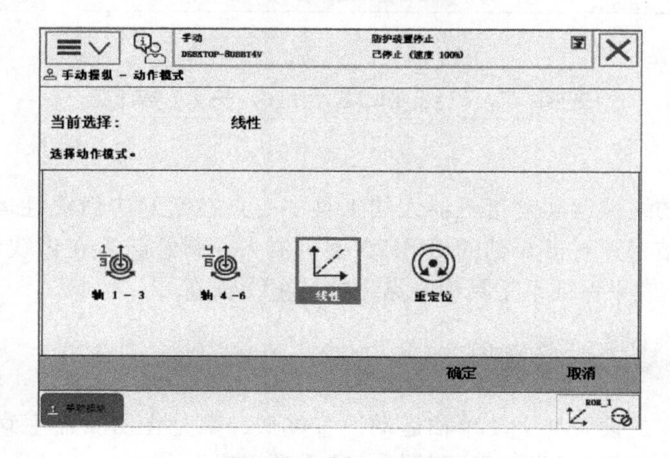

图4-10 选择“线性”

在选择了“线性”运动后还需要进行工具的选择，不同工具的 TCP 的位置不同，线性运动操作都是以 TCP 为对象的。机器人未加载工具前，系统默认的 TCP 是加入第 6 轴法兰中心点，对应的工具坐标称为“tool0”。工具的选择是在“手动操纵”界面中的“工具坐标”项目中完成的，具体过程如图 4-11 所示。关于新加载工具的 TCP 的设定将在项目五中介绍。

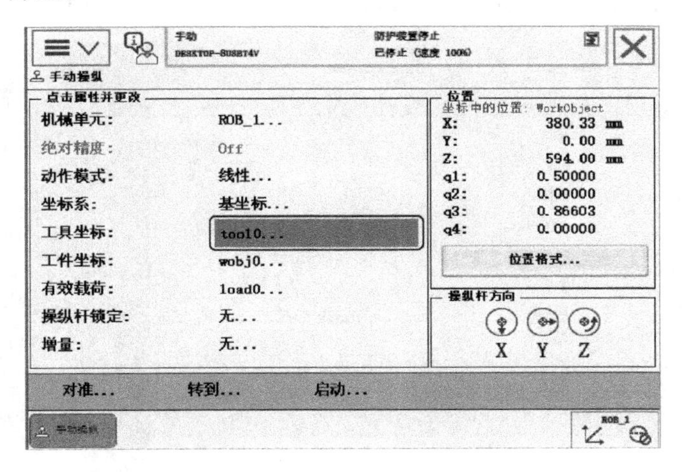

图 4-11　选择工具坐标

如图 4-11 所示，工具的选择是通过工具坐标的选择实现的。界面中的“位置”栏中显示的是当前系统中工具“tool0“的 TCP 在基坐标系中的三维坐标位置（X，Y，Z）和以 TCP 为原点的工具坐标系相对于基坐标系统的四元数（4 个参数）格式表示的方位或以欧拉角（依次绕 Z 轴、Y 轴、X 轴旋转一定的角度得到方向）格式表示的方位。

系统中已定义好的工具坐标列表如图 4-12 所示，列表中只有一个“tool0”工具，这是因为目前还没有定义其他工具，这就意味着工业机器人工具的加载并不是简单的机械固定，还要进行一系列的设置操作，才能让机器人真正“识别”并“认可”工具的存在。目前只能选择“tool0”工具，确认后就完成了手动线性操作的前期设置工作。

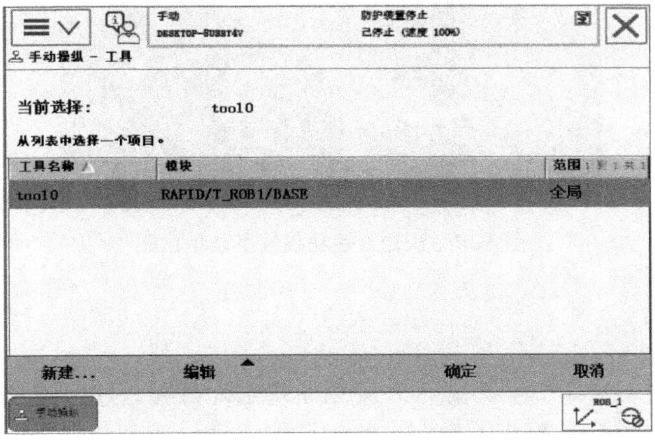

图 4-12　可选工具列表

二、手动线性运动的操纵

完成线性运动模式设置后，在确保电机开启的情况下就可以通过摇动操纵杆来控制 TCP 做沿 X 轴、Y 轴和 Z 轴的线性运动。示教器界面所指示的操纵杆箭头方向为沿各坐标轴方向运动的正方向。进入手动线性操作状态的示教器界面如图 4-13 所示。

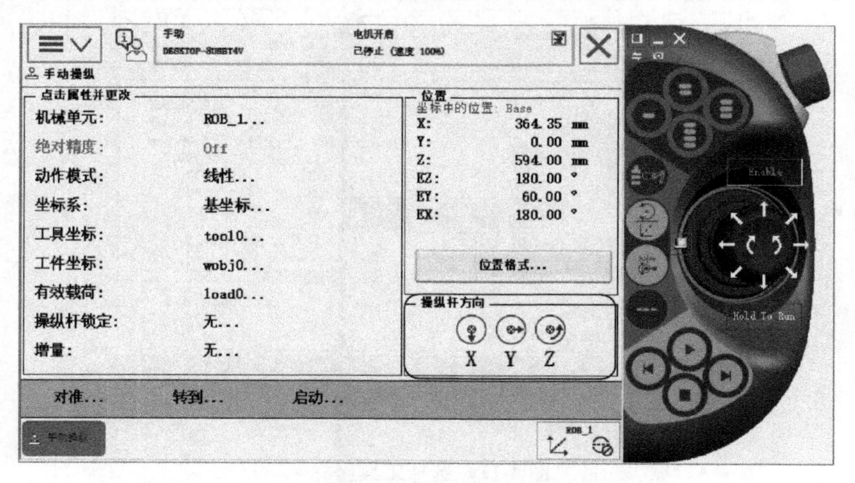

图 4-13　手动线性操纵状态下的示教器界面

通过前面创建的工作站系统启动虚拟示教器，完成与现场操作完全相同的设置过程后，用鼠标点选虚拟示教器的操作杆同样也可以实现对仿真环境中机器人的线性操作过程，而且可以实时看到系统中机器人的响应，如图 4-14 所示机器人以第 6 轴法兰中心点为基准（tool0 的 TCP），摇动操纵杆即可沿着图中的 X，Y，Z 三个轴的方向做线性运动。

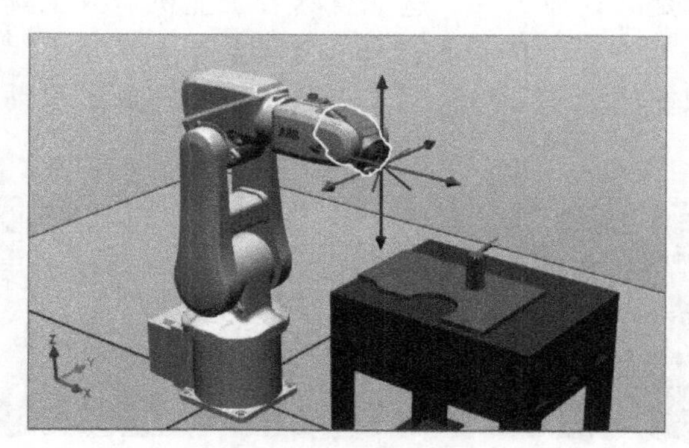

图 4-14　机器人手动线性运动示意图

三、增量模式的使用

初学者对机器人操作不够熟练，为避免导致意外碰撞，同时也是为了实现精确控制，可以选择在“增量”模式下操作，此时机器人动作幅度与操纵杆动作幅度大小无关，只与操纵杆快速点动次数或是摇动持续时间成正比。每次点动时机器只走一步，步幅的大小有 5 种选择，可以在示教器里选择，具体操作过程如图 4-15 和图 4-16 所示。

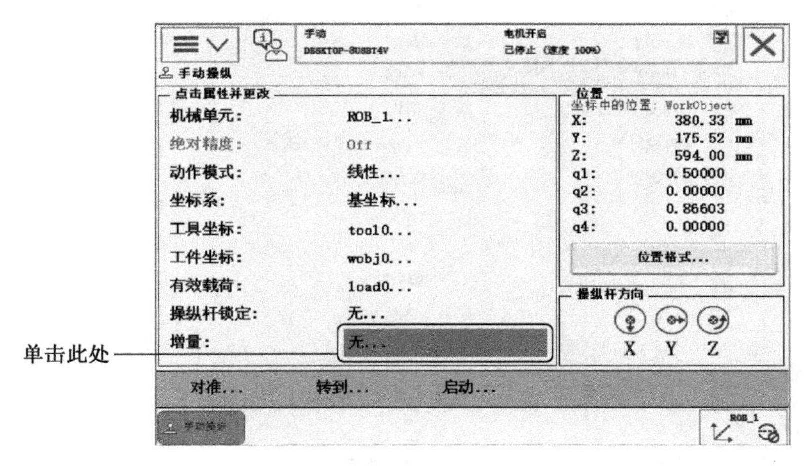

图 4-15　增量模式的选择

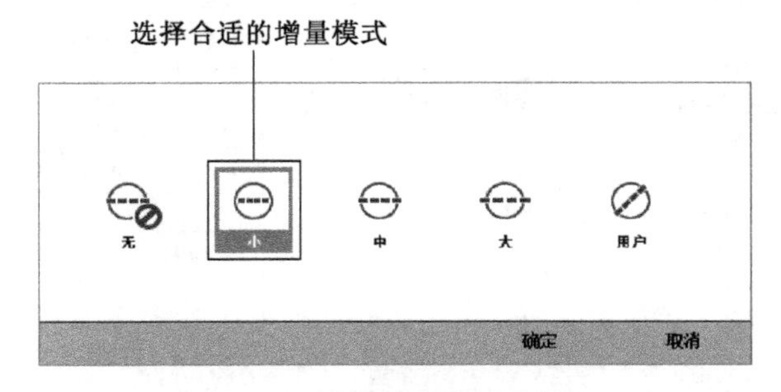

图 4-16　增量模式的可选项目

任务三　重定位运动的手动操控

机器人的重定位运动就是旋转工具中心点，旋转过程中 TCP 的空间坐标不变，只改变工具姿态。换句话说就是机器人绕着 TCP 做姿态调整的运动。重定位运动的手动操控就是借助示教器来完成重定位运动的设置和操作。

一、手动重定位运动模式的设置

手动重定位模式的设置与前面所述两种运动设置方法类似，也是在示教器主菜单里选择“手动操纵”，与手动单轴模式设置不同的是，在“手动操纵”界面“动作模式”分项中，选择“重定位”即可，具体操作过程（见图 4-17 ~图 4-19）如下：

机器人启动后，首先在示教器主页面上单击左上角功能按钮，然后在主菜单中依次选择“手动操纵”→“动作模式”→“重定位”，最后单击“确定”完成设置。

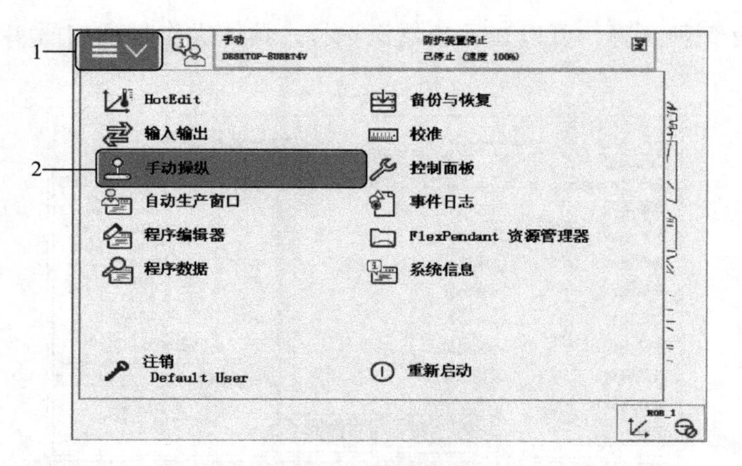

图 4-17　手动操纵模式的选择

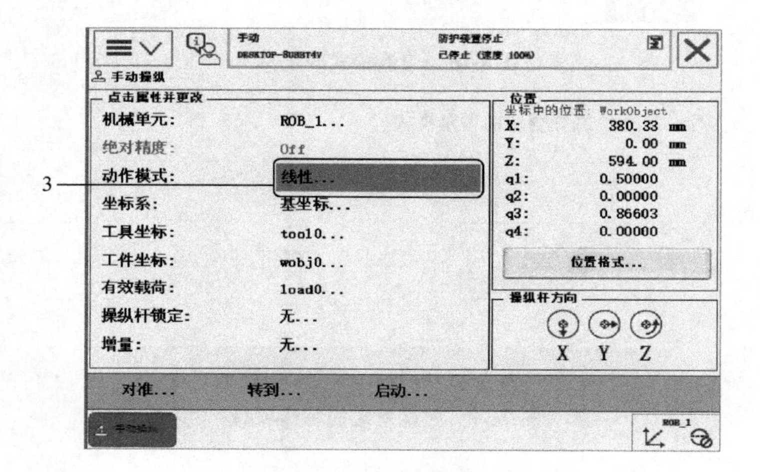

图 4-18　动作模式的选择

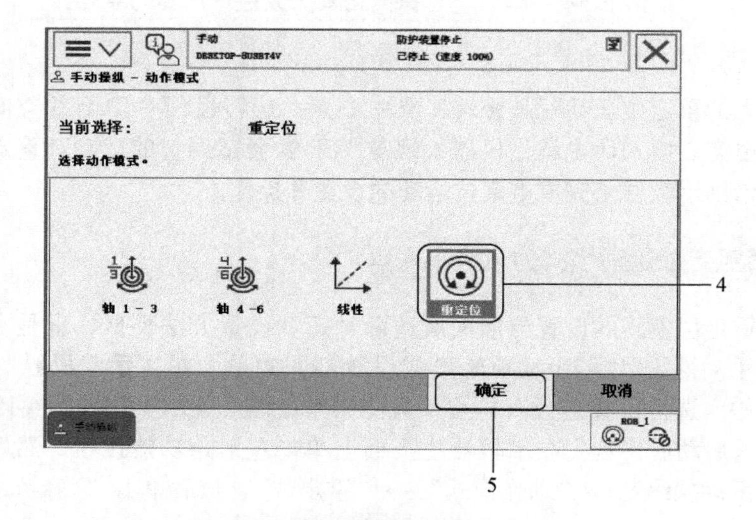

图 4-19　重定位模式的选择

在选定了“重定位”动作模式后，还需要调整参考坐标系为工具坐标系，然后在工具坐标系列表中选定当前加载的工具对应的工具坐标系，如果没有加载其他工具，列表中显示的工具“tool0”对应的就是机器人末端关节轴，TCP 就是法兰中心点，对于 IRB120 型机器人就是第 6 轴，以第 6 轴法兰中心点为 TCP 进行重定位运动。具体的设置过程如图 4-20 ~图 4-23 所示。

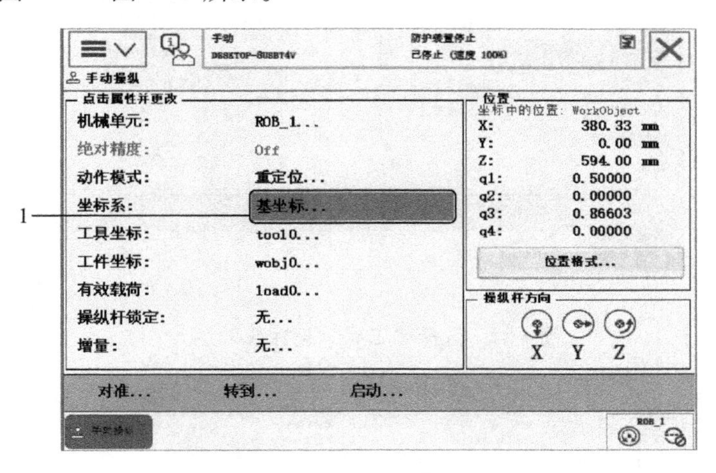

图 4-20　坐标系模式的选择

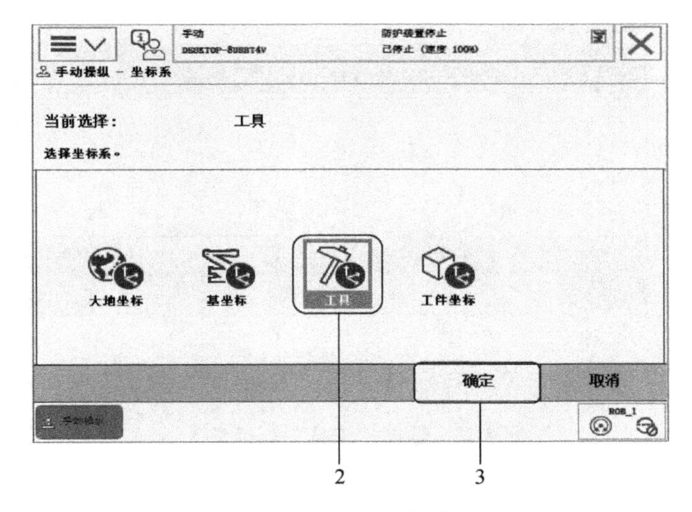

图 4-21　选择“工具”坐标系 1

参考图 4-22 选定工具坐标系后，接下来就是要进入工具列表选定相应的工作，对于新机器人系统未定义工具数据之前列表中暂时只有默认选项“tool0”。工具列表的选择参考图 4-22 完成，列表中工具的选择参考图 4-23 完成。

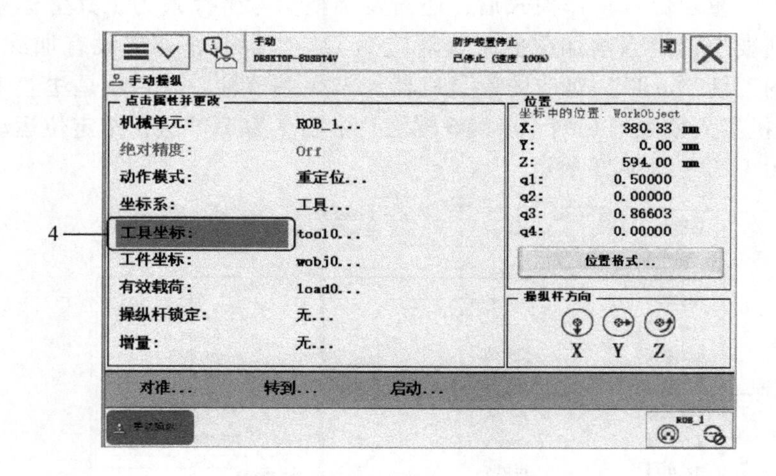

图 4-22　选择“工具”坐标系 2

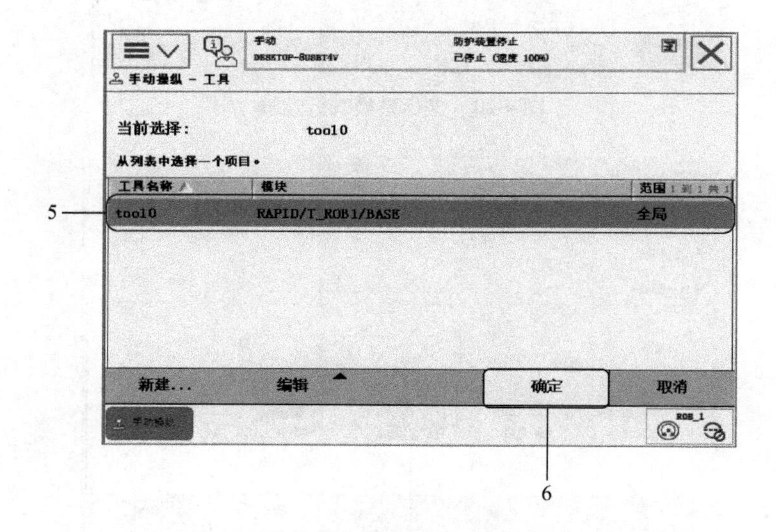

图 4-23　选择“工具”坐标系 3

二、手动重定位运动的操纵

完成前述各项设置后就可以进行手动重定位运动的具体操作了。首先抱持示教器的左手四指轻压使能按钮，让机器人进入“电机开启”状态，此时示教器界面如图 4-24 所示；然后摇动示教器操纵杆就可以控制机器人围绕第 6 轴法兰中心点（tool0 的 TCP）分别沿 X，Y，Z 轴方向改变姿态，而法兰中心点的空间坐标不发生变化，如图 4-25 所示。

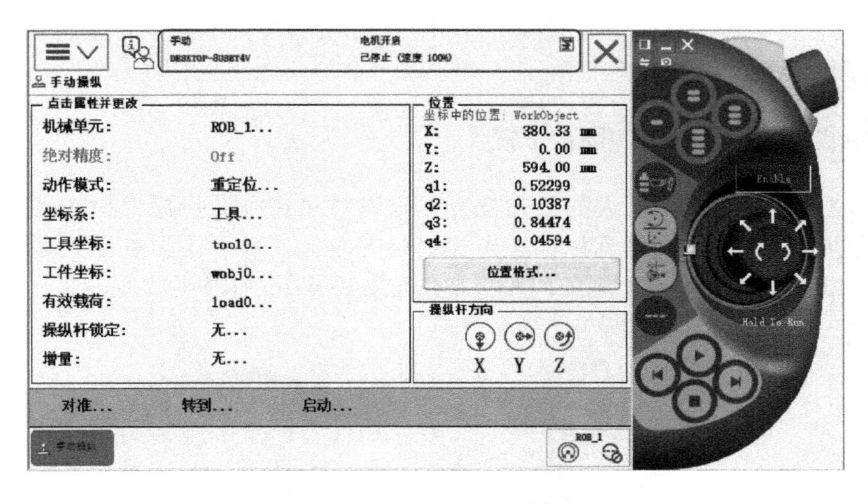

图 4-24　手动重定位操纵状态下的示教器界面

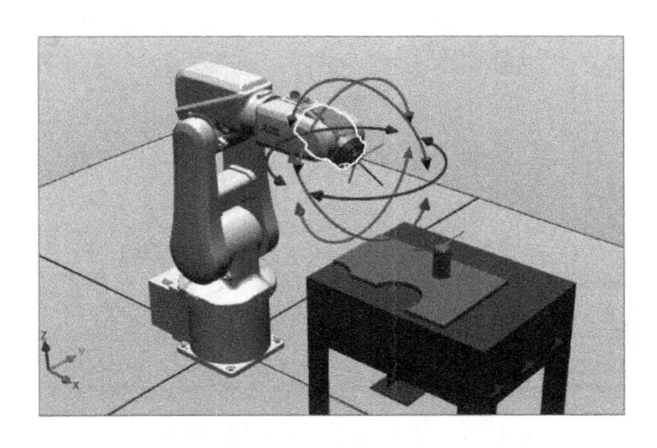

图 4-25　机器人手动重定位运动示意图

任务四　机器人转数计数器更新

机器人的转数计数器内存中存储着各关节轴的机械原点位置，当因某些情况导致转数计数器内存记忆丢失时，必须进行转数计数器更新。使用示教器更新每根关节（操纵）轴转数计数器值的目的是实现对机器人各关节轴的粗略校准。会导致转数计数器内存数据丢失的可能情况主要包括：

① 电池放电导致 SMB（串行测量电路板）电池电量耗尽或者因电量耗尽更换新的 SMB 电池；

② 出现分解器错误；

③ 分解器和测量电路板间信号中断；

④ 控制系统断开时移动了机器人轴；

⑤ 机器人和控制器首次连接时。

更新转数计数器的操作主要分两个步骤：手动机器各关节轴运转至同步位置；用示教器更新转数计数器。

一、操纵机器人各轴运转到同步位置

同步位置就是完整机器人的已知位置，可以对照目视同步标记检查各个轴。同步标记是指机器人轴上的可见标记。当标记对齐时，就可以认为机器人处于同步位置。IRB120 型机器人的 6 个轴的同步标记位置如图 4-26 和图 4-27 所示。

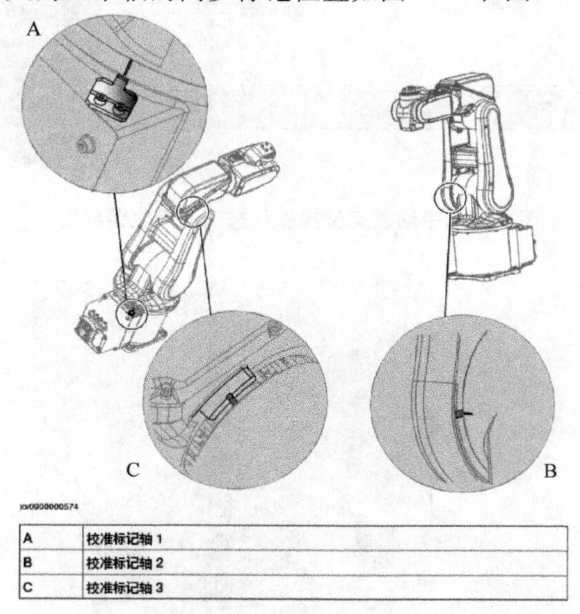

A	校准标记轴 1
B	校准标记轴 2
C	校准标记轴 3

图 4-26　轴 1－3 同步标记位置示意

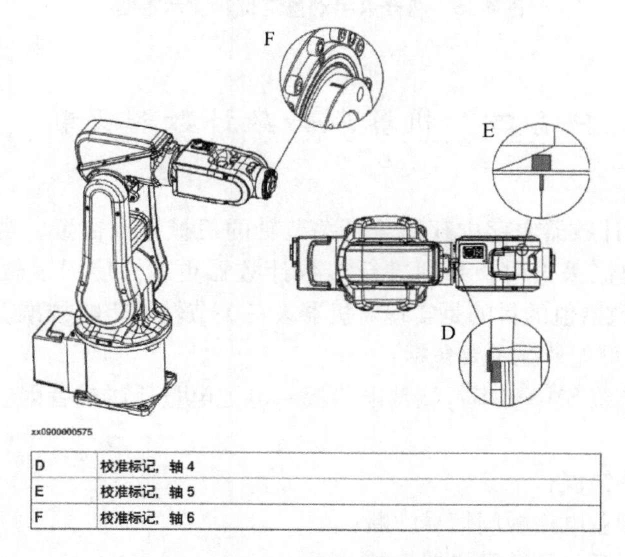

D	校准标记，轴 4
E	校准标记，轴 5
F	校准标记，轴 6

图 4-27　轴 4－6 同步标记位置示意

采用手动单轴运动模式控制模式，通过示教器操纵机器人各轴运动到同步标记位置。运作模式的选择过程如下：点开示教器 ABB 主菜单→“手动操纵”→“动作模式”→根据需要选择“轴 4－6”运动或“轴 1－3”模式。操作各轴的顺序可采用先 6→5→4 后 3→2→1，各轴就位后就可以准备在示教器上完成更新操作。

二、用示教器更新转数计数器

保证机器人工作在手动模式，按住使能按钮确保电机开启，然后点开示教器 ABB 菜单，在图 4-28 所示界面中选择“校准”。

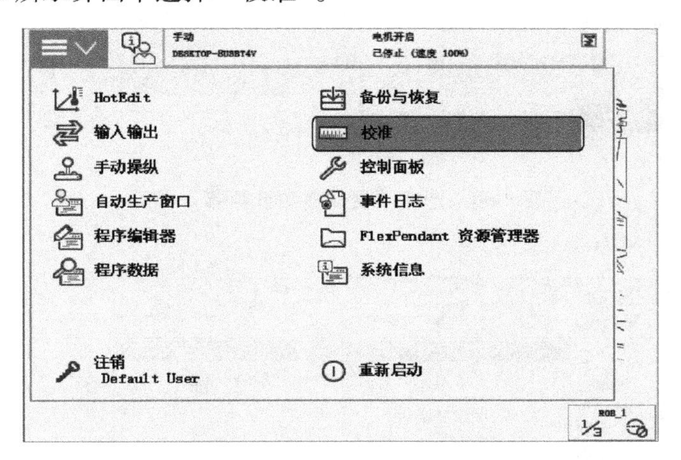

图 4-28　选择“校准”项

选中“校准”后在新弹出的菜单界面中机械单元列表选中机械单元“rob1_1”，在这里 rob1 就是要校准的对象。在随后出现的界面中会显示各轴上一次校准方法，当前界面中“未定义”说明要进行的首次校准，接下来的操作就是在界面中选定“手动方法（高级）”选项，操作如图 4-29 所示。在新出现的如图 4-30 所示界面中选中“更新转数计数器...”选项，就会弹出图 4-31 所示询问界面，选择“是”就可以进入下一步。

手动　DESKTOP-SUSBT4V　电机开启　已停止 (速度 100%)

校准 - ROB_1

ROB_1:　校准

校准方法

轴	使用了工厂方法	使用了最新方法
rob1_1	未定义	未定义
rob1_2	未定义	未定义
rob1_3	未定义	未定义
rob1_4	未定义	未定义
rob1_5	未定义	未定义
rob1_6	未定义	未定义

手动方法（高级）　调用校准方法　关闭

图 4-29　选择“手动方法（高级）”

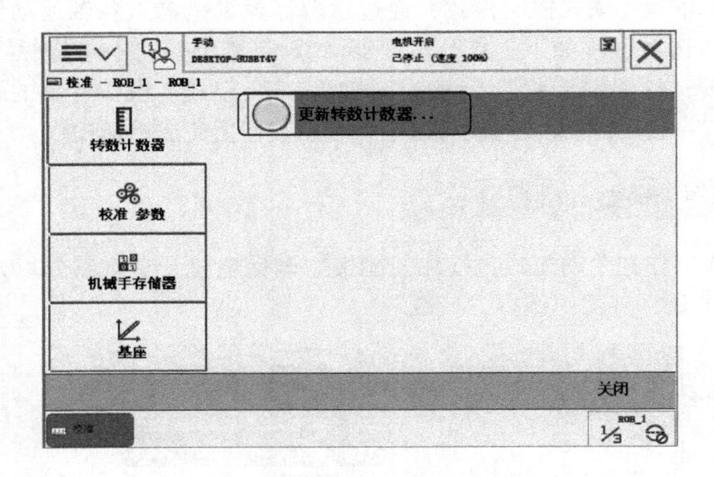

图 4-30　选择“更新转数计数器...”

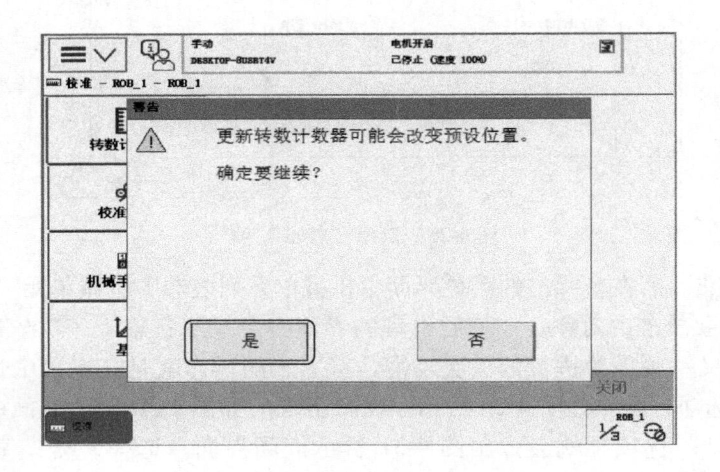

图 4-31　选择“是”进入下一步

在新出现的窗口中选择“确定”就进入图 4-32 的界面，在当前界面中选中所有轴后单击“更新“按钮，在随后出现的如图 4-33 所示问询界面中选中“更新”进行确认，系统就开始进入转数计数器更新状态。因更新操作是不可撤销的，一定要慎重对待，确保更新数据、对象准确无误，才可进行。当系统提示“更新已完成”后，就会进入如图 4-34 所示界面，显示机器人全部 6 个轴的转数计数器状态为“已更新”。

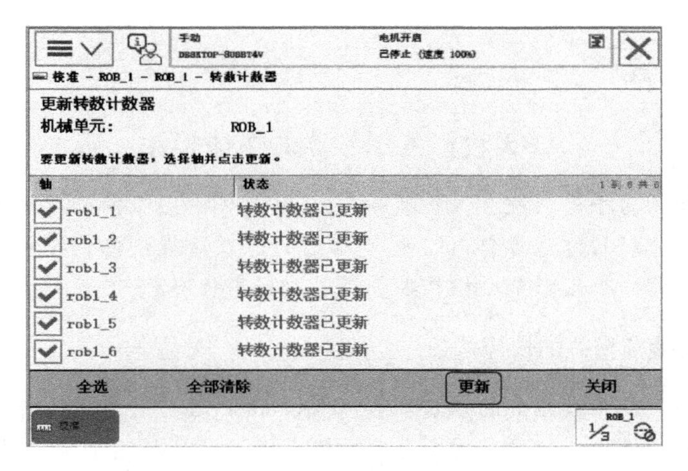

图 4-32　选择所有轴

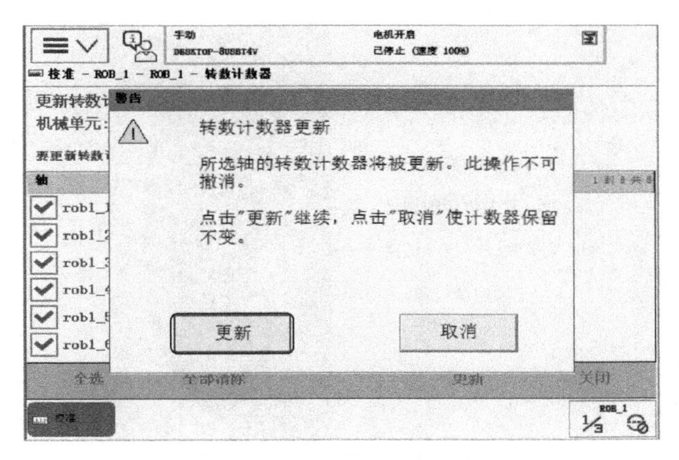

图 4-33　确认更新界面

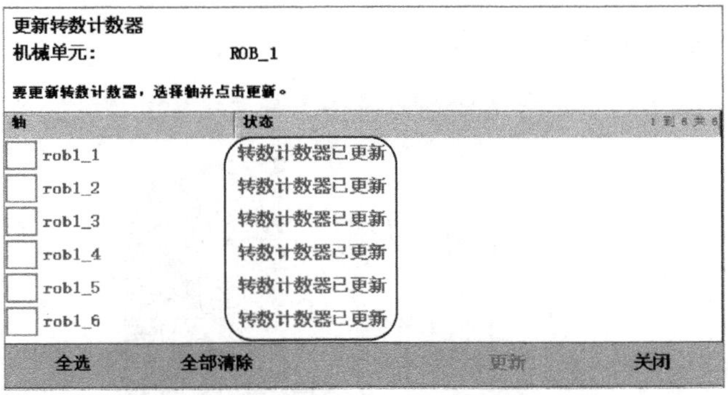

更新转数计数器
机械单元:　ROB_1
要更新转数计数器，选择轴并点击更新。

轴	状态
rob1_1	转数计数器已更新
rob1_2	转数计数器已更新
rob1_3	转数计数器已更新
rob1_4	转数计数器已更新
rob1_5	转数计数器已更新
rob1_6	转数计数器已更新

全选　全部清除　更新　关闭

图 4-34　更新完成界面

项目拓展

ABB 机器人示教器的快捷操作

机器人的示教器手动操控相关设置除了按照常规由左上角的功能键进入主菜单然后按照项目四介绍的方法操作外，也可以借助示教器提供的快捷按钮和快捷菜单来完成，通过这种方式可以帮助操作人员适当地提高效率。

一、与手动操控相关的快捷按钮

示教器上与手动操控相关的快捷按钮如图 4-35 所示，一共有 4 个，分别完成机器人 - 外轴控制的切换、线性 - 重定位运动模式的切换、轴运动模式是轴 1 - 3 控制模式与轴 4 - 6 控制模式的切换、增量模式的开与关。

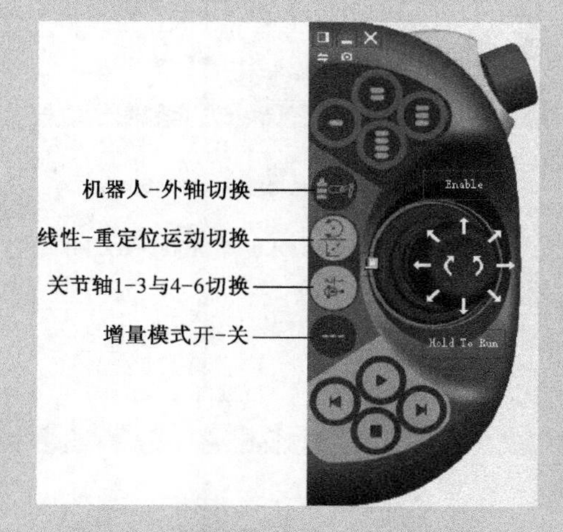

图 4-35　与手动操控相关的快捷按钮

二、与手动操控相关的快捷菜单

单击示教器触屏右下角的快捷菜单按钮就会打开快捷菜单，如图 4-36 所示。

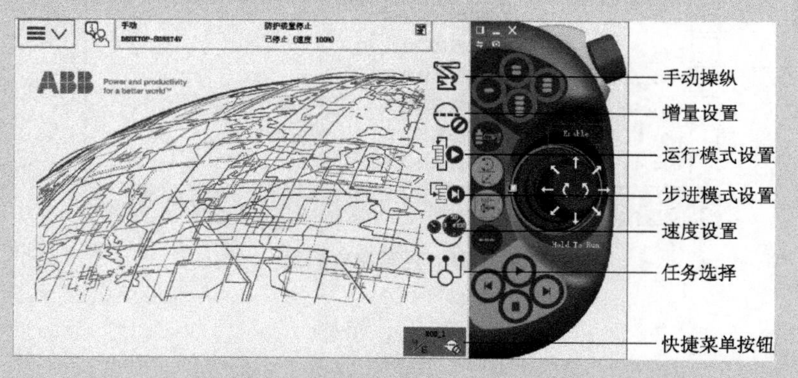

图 4-36　ABB 示教器的快捷菜单

菜单中的项目自上而下是手动操纵、增量设置、运行模式设置、步进模式设置、速度设置、任务选择。与手动操控相关的设置都可以在“手动操纵”中找到。

单击“手动操纵”按钮，在如图 4-37 的界面中选择“显示详情“，就可以显示与手动操控相关的所有快捷按钮。

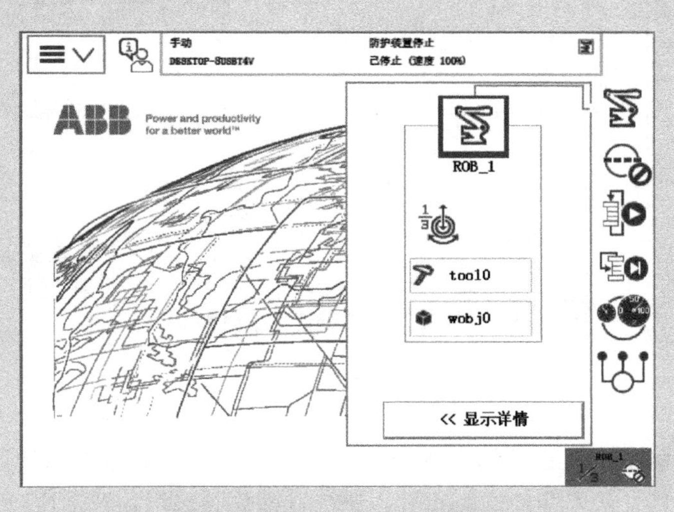

图 4-37　单击进入手动操纵

在“手动操纵”快捷菜单的“详情”界面中，可以完成如下操作：当前工具数据的选择、当前工件坐标的选择、操作杆速率的控制、坐标系的选择、动作模式的选择、增量模式的设置等。所有细节如图 4-38 所示。

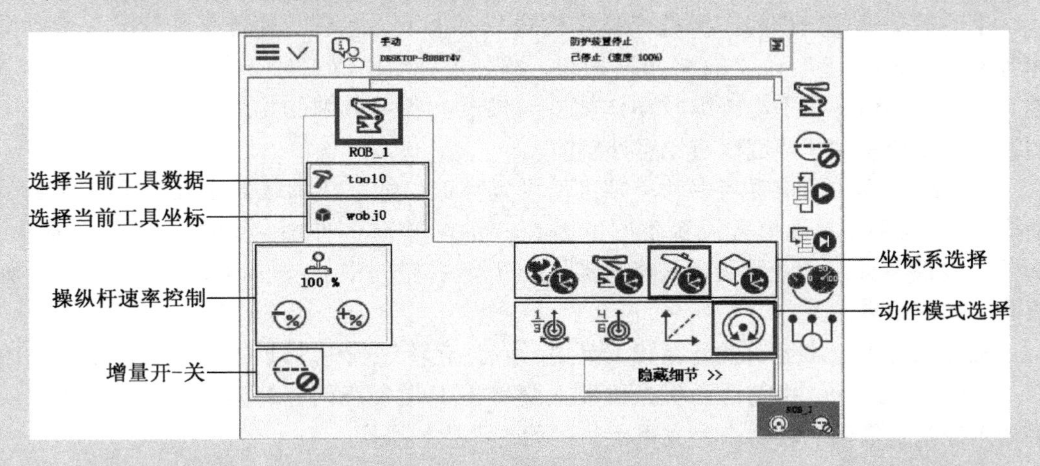

图 4-38　手动操控快捷菜单

在如图 4-36 所示示教器的快捷菜单中单击“增量设置”按钮，在新出现的界面中就可以完成手动操纵的 5 种增量模式的快速选择，单击“显示值”就可以看到如图 4-39 所示增量模式设置的详细情况。

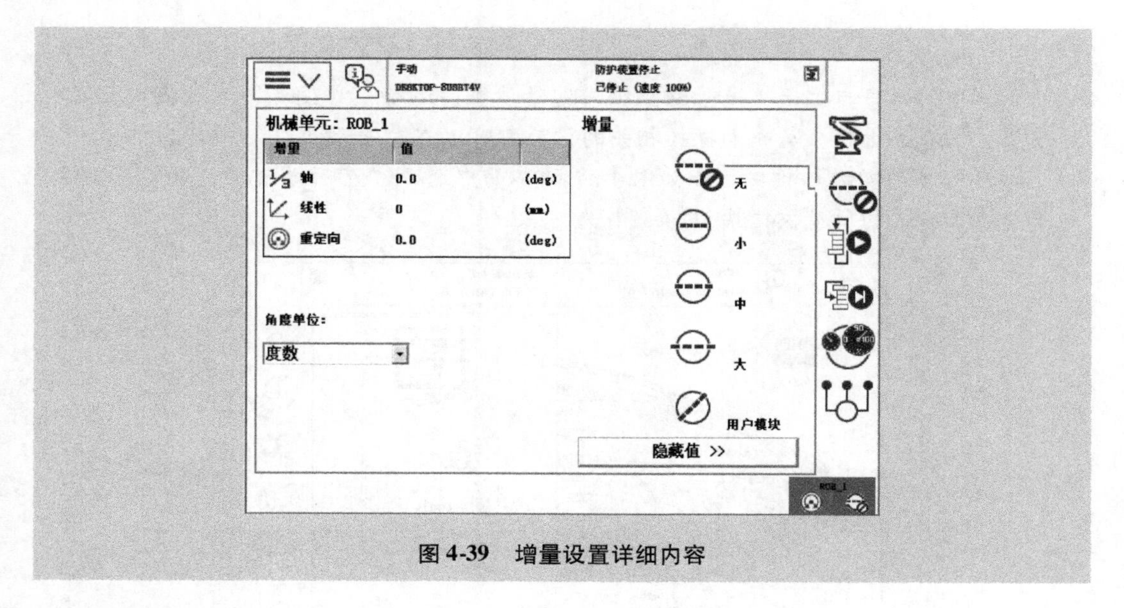

图 4-39　增量设置详细内容

项目小结

机器虽然是程序控制的成熟工业产品，但手动操控对机器人的调试、编程的作用是不可替代的，只有完成编程调试才可以使用自动控制模式开展工作。

关节型工业机器人的轴分为两类：伺服电机轴和齿轮箱轴。齿轮箱轴一般被称为关节轴，单独一个关节轴的运动就是机器人的单轴运动，简称轴运动。ABB 关节型机器人的手动操控的实现首先要完成手动轴运动模式的设置，然后在机器人示教器“手动操纵”菜单中完成手动模式的三种运动方式的选择。

手动单轴模式操作时，因摇杆操作模式只有上下、左右、旋转三种情况，所以操作对象分“轴 1 – 3”和“轴 4 – 6”两组，摇杆每种动作模式对应着机器人的一个关节轴。同时，操纵杆在手动操纵时动作幅度与机器人各关节轴的相应速度成正比，对于初学者应该控制动作幅度以避免意外碰撞。

手动线性模式的设置与手动单轴运动设置类似，都是在示教器主菜单里选择“手动操纵”，与手动单轴模式设置不同的是在“手动操纵”界面“动作模式”分项中，选择“线性”即可。线性运动是指机器人的 TCP 在空间中做线性运动，是各个关节轴协同运动的结果。

机器人的重定位运动就是旋转工具中心点，旋转过程中 TCP 的空间坐标不变只改变工具姿态的运动。换句话说就是机器人绕着 TCP 做姿态调整的运动。重定位运动的手动操控就是借助示教器来完成重定位运动的设置和操作。

在手动操作模式设定过程中还可以完成工件坐标系和工具的选择。

思考与练习

1. 在创建的仿真平台中，选择机器人工作范围中的 5 个定点，以手动轴运动模式操纵机器人 TCP 到指定点，限定在 15 分钟内完成。

2. 在仿真平台中，选择机器人工作范围中的5个定点，以手动线性运动模式操纵机器人TCP到指定点，限定在15分钟内完成。

3. 在仿真平台中，选择机器人工作范围中的5个定点，以手动重定位运动模式操纵机器人TCP到指定点，限定在15分钟内完成。

4. 简述手动轴运动、手动线性运动、手动重定位运动模式的异同。

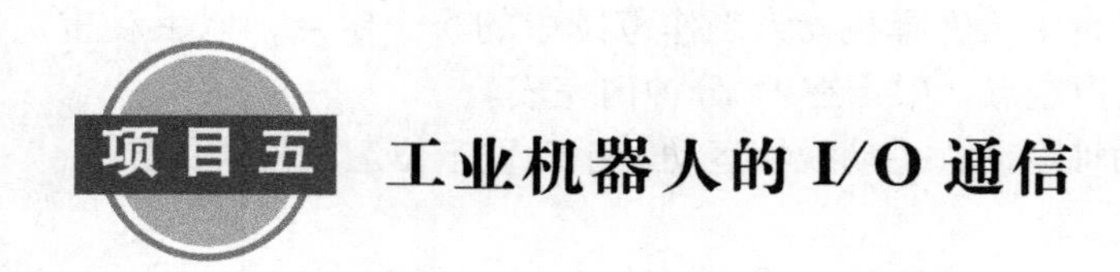

项目五 工业机器人的I/O通信

项目要求

1. 掌握机器人通信接口板配置方法；
2. 熟练掌握模拟数字信号的定义方法；
3. 熟练使用机器人I/O信号的仿真功能；
4. 能够创建常用系统信号与I/O信号的关联。

任务一 通信接口板的简单配置

要实现机器人通信接口板的配置需要先解决几个问题：① 机器人控制主机支持什么样的现场总线；② 所使用的机器人系统需要哪些I/O信号；③ 根据I/O信号类型数量、总线标准及机器人系统实现的功能来选择机器人通信接口板。

一、工业机器人现场总线

工业机器人使用的现场总线标准比较多，常用的有以下几种：

1. DeviceNet通信总线

DeviceNet是20世纪90年代中期发展起来的一种基于CAN（Controller Area Network）技术的开放型、符合全球工业标准的低成本、高性能的通信网络，最初由美国Rockwell公司开发应用，是一种低成本的通信总线。DeviceNet将工业设备（如限位开关、光电传感器、阀组、马达启动器、过程传感器、条形码读取器、变频驱动器、面板显示器和操作员接口）连接到网络，可以看作机器人通信的标准配置。

2. PROFIBUS通信总线

PROFIBUS（Process Field Bus）是一种国际化、开放式、不依赖于设备生产商的现场总线标准。它由三个兼容部分组成，即PROFIBUS－DP（Decentralized Periphery）应用于现场级，PROFIBUS－PA（Process Automation）适用于过程自动化，PROFIBUS－

FMS（Fieldbus Message Specification）用于车间级监控网络。PROFIBUS是一种用于工厂自动化车间级监控和现场设备层数据通信与控制的现场总线技术，比如机器人与PLC的通信就可以通过支持PROFIBUS总线标准的通信接口板实现。可实现现场设备层到车间级监控的分散式数字控制和现场通信网络，从而为实现工厂综合自动化和现场设备智能化提供可行的解决方案。

3. Ethernet/IP通信总线

Ethernet/IP本质上是以太网通信，各个公司的叫法不同：西门子用PROFINET、ABB用Ethernet IP、施耐德用MODBUS TCP/IP。Ethernet/IP是一个面向工业自动化应用的工业应用层协议。它建立在标准UDP/IP与TCP/IP协议之上，利用固定的以太网硬件和软件，为配置、访问和控制工业自动化设备定义了一个应用层协议。例如，ABB机器人就是利用以太网通信实现的多机器人协同操作。

二、工业机器人的I/O信号

机器人系统的I/O信号从性质上可分为模拟信号和数字信号；从信号流向上方可以分为输入信号和输出信号；从功能上划分没有统一的标准，一般随系统的用途而定，比如带输送链的机器人系统的输送链跟踪信号、机器人系统运行控制的系统信号等。

三、ABB机器人的标准通信接口板

常用的标准板通常是挂在DeviceNet通信总线上，如DSQC 651，DSQC 652，DSQC 653等，它们之间的区别只是支持信号的数量和种类的差异，配置的方法基本相同。以ABB机器人IRC5 Impact控制柜为例，其标准通信接口板就可以选配DSQC 651和DSQC 652，如需要外接PLC就可以选配支持PROFIBUS的DSQC 667 I/O通信接口板。

四、通信接口板绑定与设置

通信接口板的简单设置一般都是按照选定通信总线→选定通信板型（绑定）→设定通信板在总线中的地址的流程来操作。在这里因DSQC 651通信板支持的信号种类比较多（8路数字输入、8路数字输出、2路模拟输出），所以以其为例来熟悉通信接口板设置。如要在RobotStudio软件环境中仿真设置过程，需要在生成的机器人系统中把相应的通信总线标准添加进去，操作方法可以是在生成系统时配置系统参数过程中勾选（图2-31所示“选项”菜单中），或是用“安装管理器”来修改系统配置。

1. 使用安装管理器来修改系统配置

首先打开创建的机器人系统，等到系统启动后在“控制器”选项卡中点选“安装管理器”，进入系统编辑界面。操作过程如图5-1和图5-2所示。

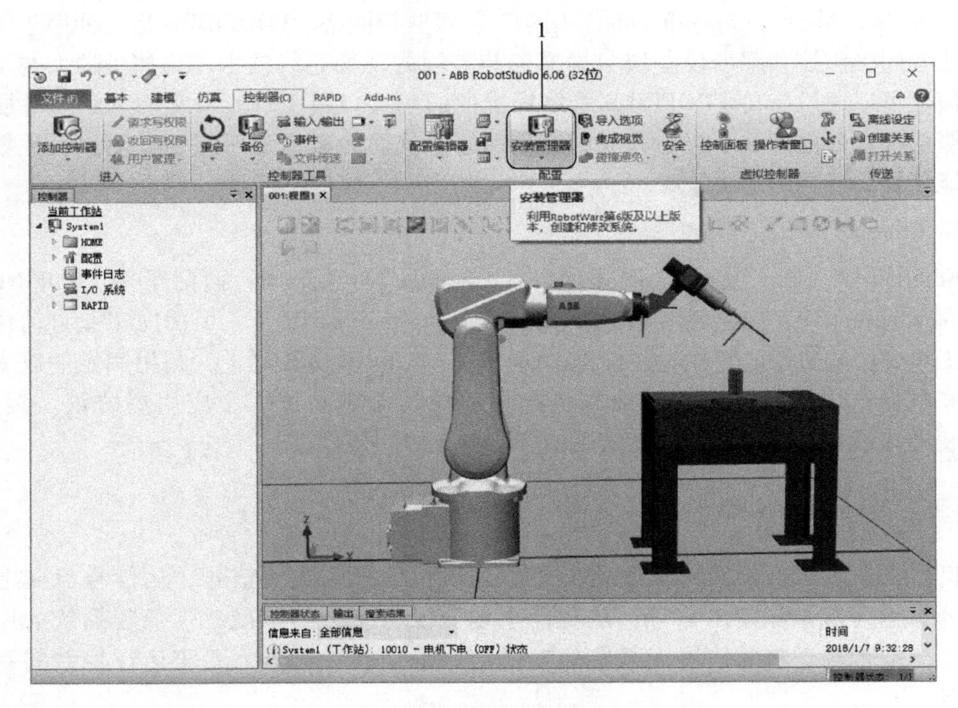

图 5-1　启动安装管理器

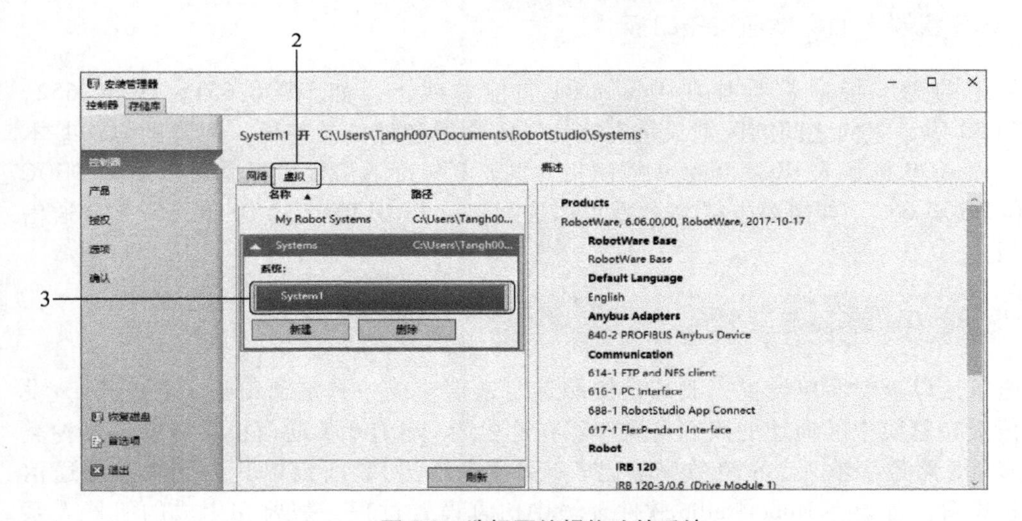

图 5-2　选择要编辑修改的系统

在“控制器”选项卡中点选“选项”打开如图 5-3 所示界面，然后在主窗口“系统选项”中单击项目“Industrial Networks”（工业总线网络）的下拉按钮，在出现的界面中根据需要勾选所需的（实际设备支持的）通信总线标准，如 709 - 1 项 DeviceNet Master/Slave、841 - 1 项 EtherNet/IP、969 - 1 项 PROFIBUS Controller，然后单击“下一个”按钮。在新出现的界面显示所选项目“已添加”，单击“应用”确认添加项目，如图 5-4 和图 5-5 所示。

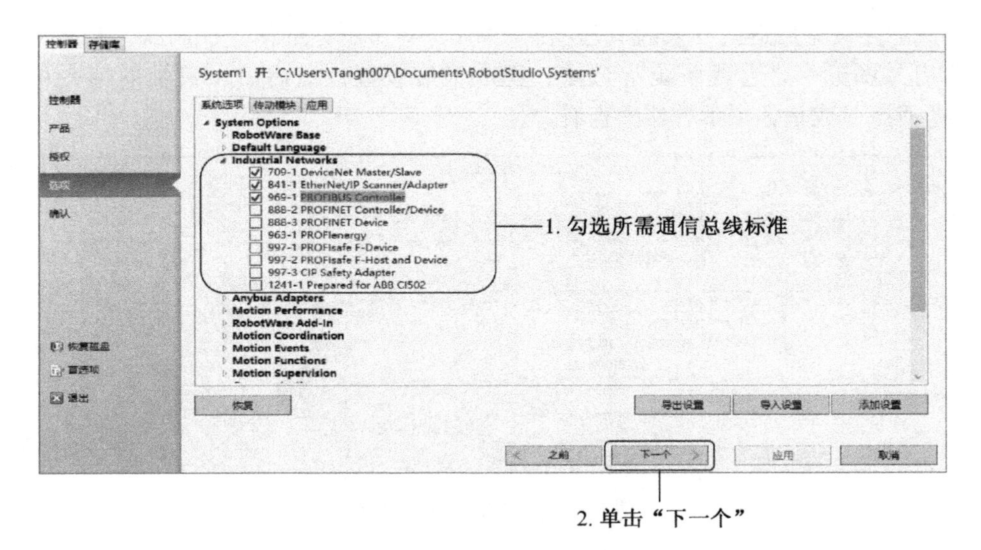

图 5-3　选择系统支持的通信总线

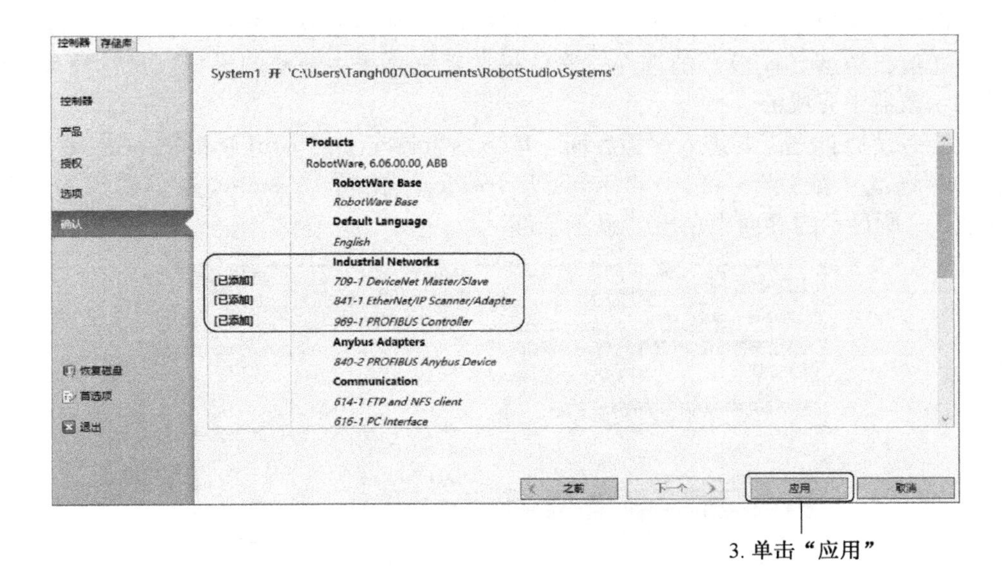

图 5-4　“应用”所选设置

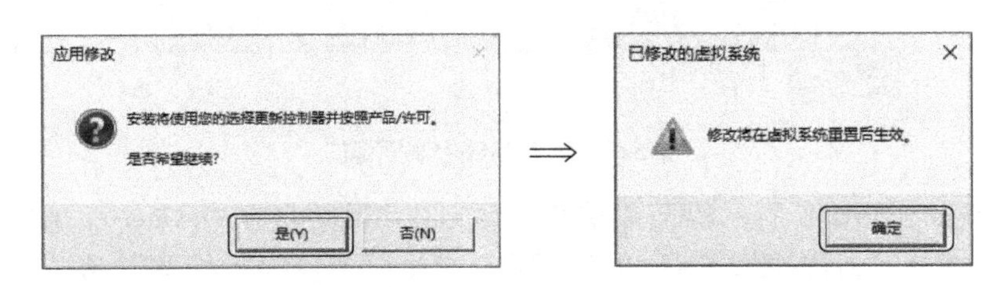

图 5-5　确认更新设置

完成上述设置后退出“安装管理器”。如图5-6所示，选择“控制器”选项卡→单击“重启”图标→“重置系统”选项，完成最后设置，重启后设置生效与否可以在“安装管理器”或是虚拟示教器中查看。

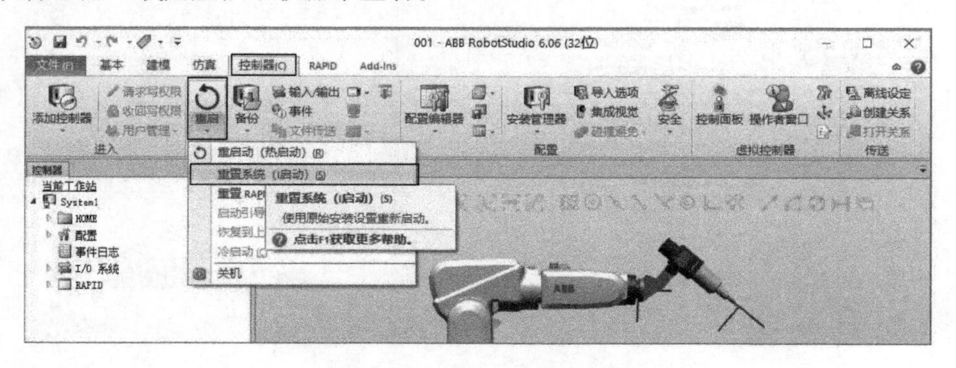

图5-6　重置系统完成设置

2. DSQC 651通信接口板的连接设置

为了便于用户后期识别，通信接口板的连接一般要完成这样几项设置：新设备的命名、通信板类型（模板）的选择、通信板在系统总线中地址的设置。具体操作过程都是在示教器中完成的。

系统启动后首先需要进入设置界面。单击示教器左上的ABB功能键→进入“控制面板”→选择“配置”→选中“DeviceNet Device”支持DeviceNet通信总线的设备，在如图5-7所显示的界面中单击“显示全部”。

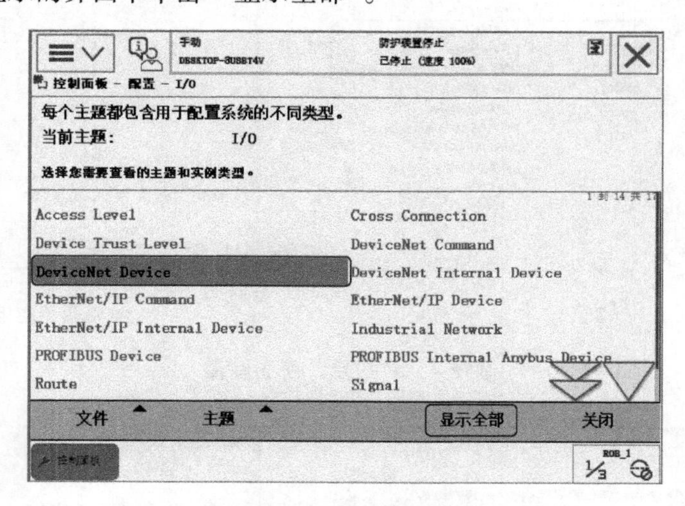

图5-7　配置系统参数界面

在新出现的如图5-8所示界面中选择“添加”，目的是在DeviceNet通信总线下添加新的通信设备。然后在图5-9所示的界面中“使用来自模板的值”选项对应的下拉菜单中单击选中“DSQC 651 Combi I/O Device”完成模板加载，加载完成效果如图5-10所示。

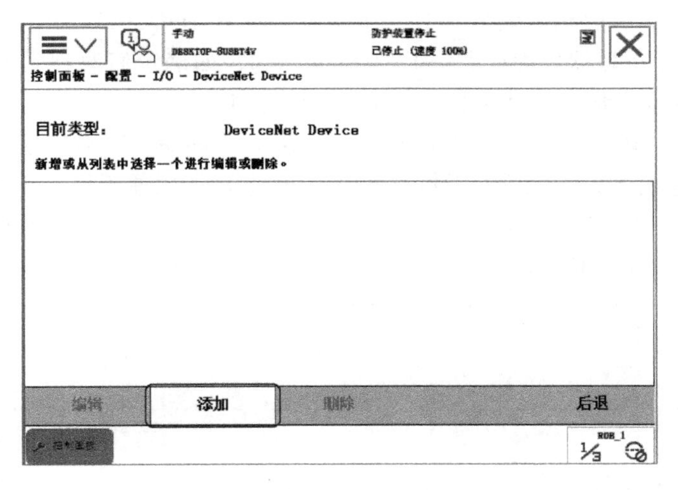

图 5-8　DeviceNet Device 中选择"添加"设备

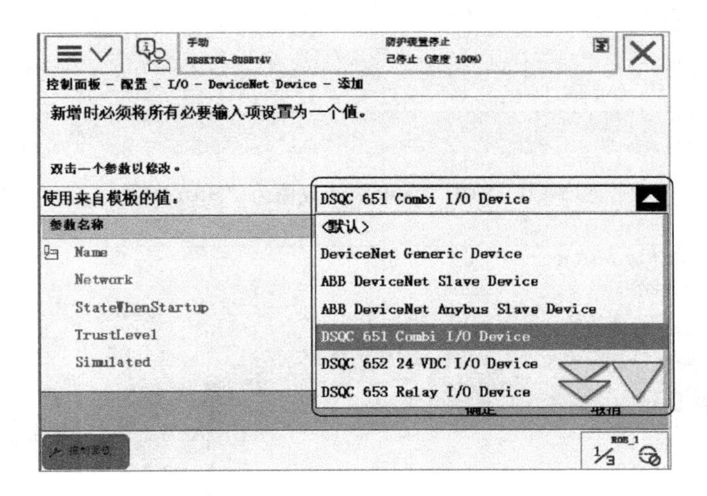

图 5-9　加载 DSQC 651 模板

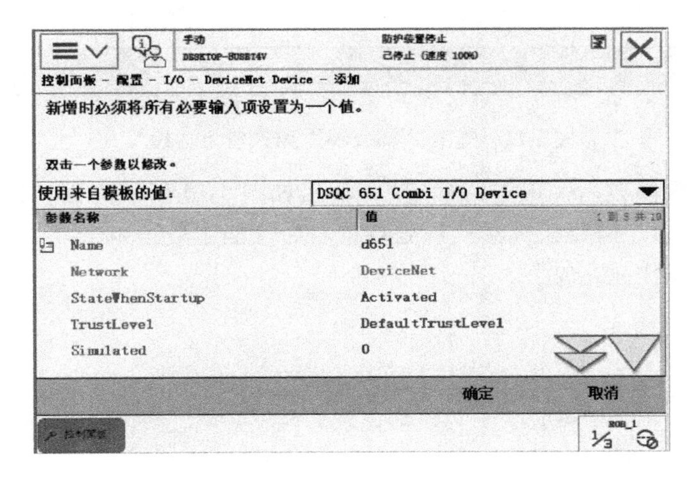

图 5-10　DSQC 651 模板加载完成

在如图 5-10 所示加载后效果主界面中可找到所有 DSQC 651 通信接口板的设置项目，可修改项目在示教器界面中都是用蓝字标识的，如确定修改项目和参数只需通过单击“翻页”图标找准目标后双击进入编辑界面即可。

如图 5-11 所示操作可以把加载生成的设备名（“name”项对应值）“D651”改为“Board10”（对应机器人控制系统分配给设备的地址 10，以便于后期识别）。

如图 5-12 所示操作可将地址“Address”项目对应的值“63”（虚拟系统默认加载地址）改为系统分配的总线地址“10”。

图 5-11　选中“name”修改值为“Board10”

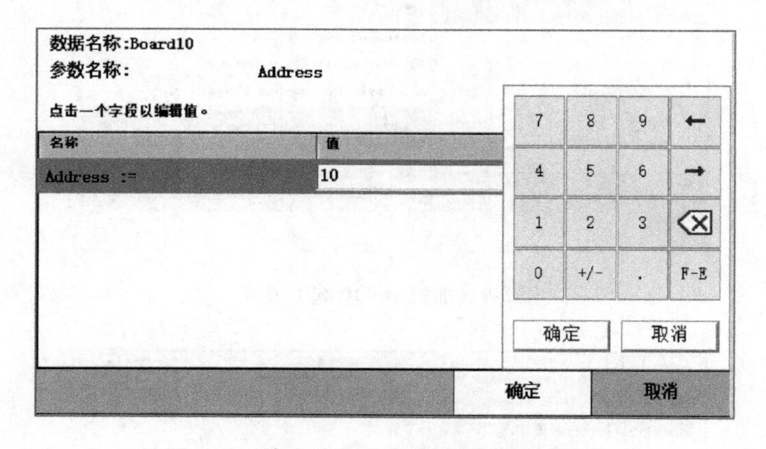

图 5-12　选中“Address”修改值为“10”

完成所有参数修改后，单击“确定”，弹出如图 5-13 所示界面，提示新添加的通信接口板“Board10”需要在机器人控制器重启后才能生效，单击“是”，重启通信接口板的绑定设置操作就完成了。

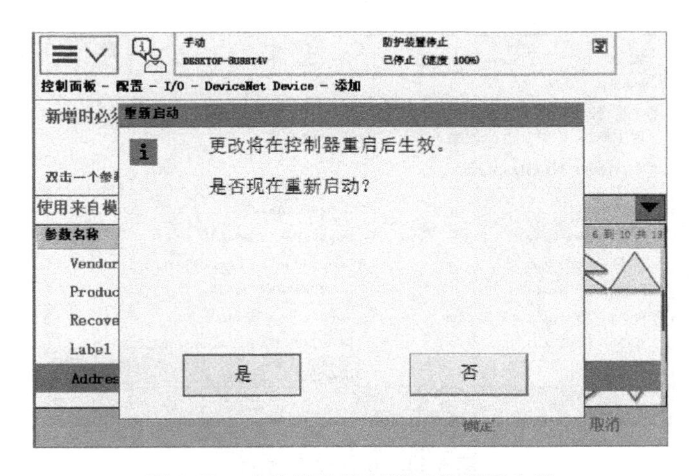

图 5-13　确认重启控制器以使设置生效

任务二　数字I/O信号的定义

数字信号的定义分为两种情况：数字输入信号和数字输出信号。数字I/O信号定义时可以实现每个信号对应一路开关状态信号（对应逻辑“0”、逻辑“1”），也可以对应一组开关状态信号（每一位都对应着一组逻辑“0”、逻辑“1”状态）。对数字信号定义具体操作分为四种情况来实施：数字输入、数字输出、组输入、组输出。几乎所有信号的定义至少需要确定以下几个参数：参数名称（Name）、信号类型（Type of Signal）、绑定的通信接口板（Assigned to Device）、分配的通信接口板上地址映射（Device Mapping），需要注意的是本项目所有操作都是在控制器切换到手动状态才可进行。

一、数字输入信号的定义

1. 信号定义的要求

参数名称：di1；信号类型：Digital Input；绑定设备：Board10；通信接口板上的地址映射：0。

2. 操作流程

进入示教器主菜单→“控制面板”→“配置”→在图 5-14 界面中双击“Signal”或单击“显示全部”进入如图 5-15 所示信号设置界面。

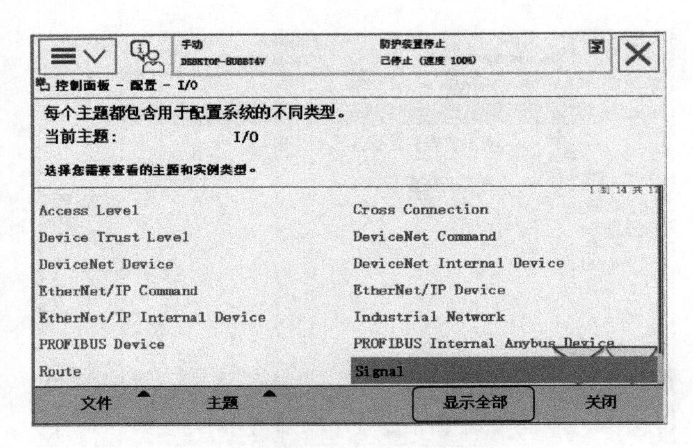

图 5-14 I/O 设置界面

在信号设置界面选中“添加”，添加一个空的信号模板如图 5-15 所示。空信号模板如图 5-16 所示。

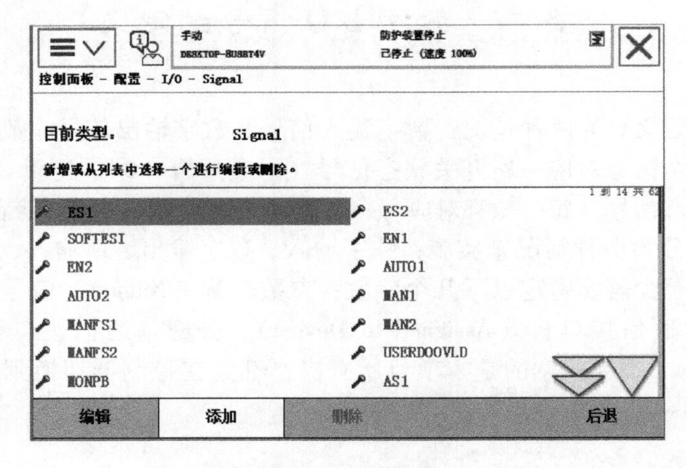

图 5-15 添加信号

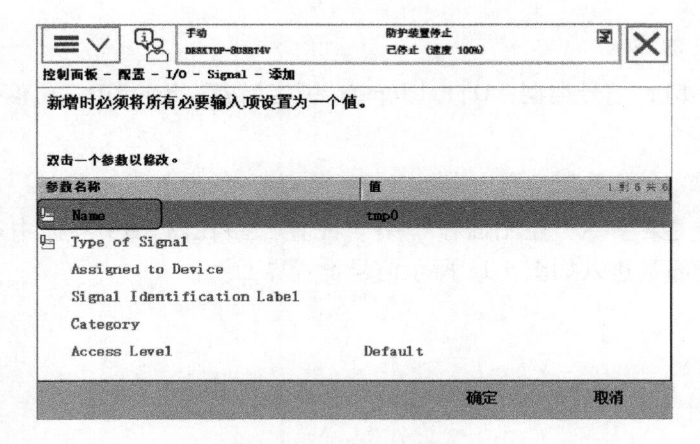

图 5-16 参数设置界面

接下来根据参考设定的4个参数要求依次在设置界面中双击“Name”，修改信号名为“di1”（见图5-17）；双击“Type of Signal”，设定类型为“Digital Signal”（见图5-18）；双击“Assigned to Device”，选定绑定设备为“Board10”（见图5-19）；最后，双击“Device Mapping”，更改地址为“0”（见图5-20）。

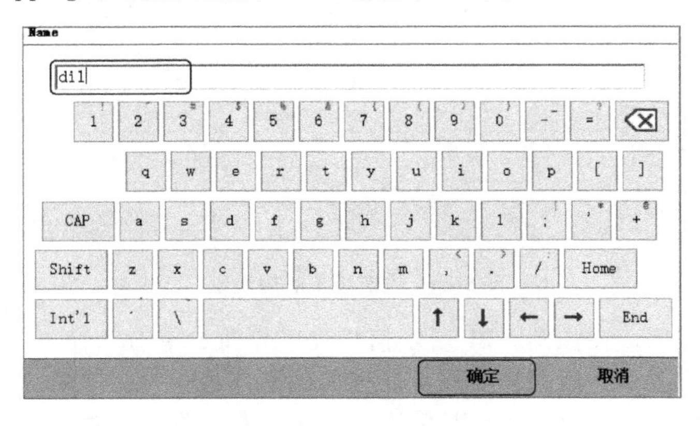

图5-17　更改信号名称

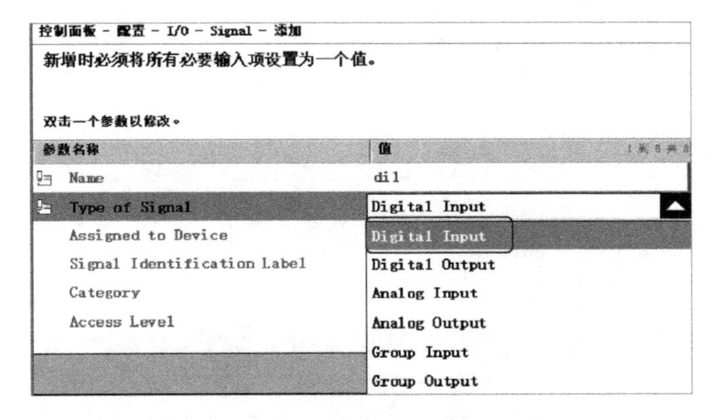

图5-18　选择信号类型

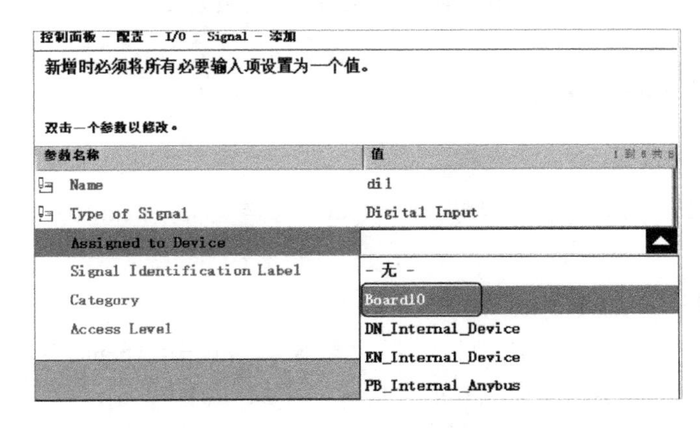

图5-19　选择绑定设备

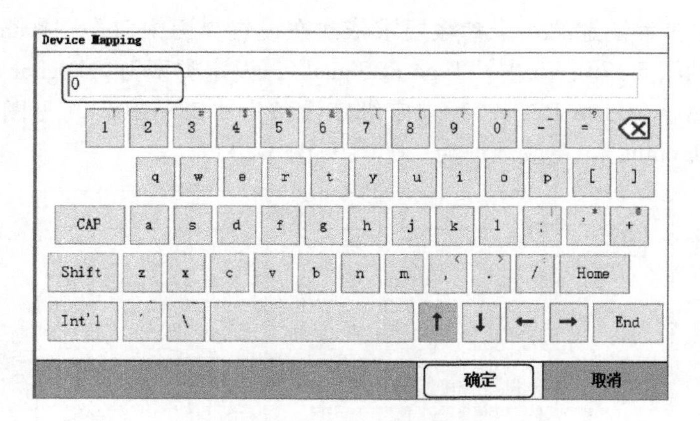

图 5-20　设定板上映射地址

完成参数设置后，在如图 5-21 所示信号设置界面中单击“确定”，因信号设定也是对系统配置的更改，所以同样需要重启控制器后才能生效。同时，如有多个信号需要定义，可选择暂时不重启，回到图 5-15 信号添加界面继续添加新信号，直到最后一个信号定义完成后重启一次即可。

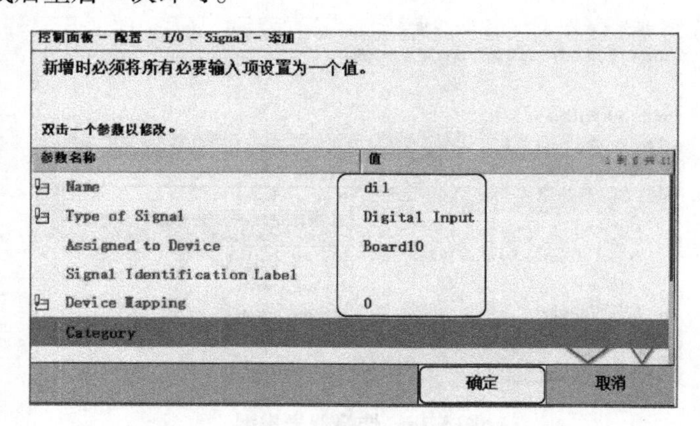

图 5-21　数字输入信号设置完成效果

二、数字输出信号的定义

1. 信号定义的要求

参数名称：do1；信号类型：Digital Output；绑定设备：Board10；通信接口板上的地址映射：32。

2. 操作流程

进入示教器主菜单→“控制面板”→“配置”→双击“Signal”或单击“显示全部”，进入如图 5-15 所示信号设置界面，选择“添加”操作。

在生成的空信号模板中完成后续的设定，参考数字输入信号定义过程，根据 4 个参数设定的要求，依次在设置界面中选择双击“Name”，修改信号名为“do1”；双击“Type of Signal”，设定类型为“Digital Signal”；双击“Assigned to Device”，选定绑定设备为“Board10”；最后双击“Device Mapping”，更改地址为“0”。设定完成后选择“确定”，不重启控制器。数字输出信号“do1”参数设置完成后效果如图5-22所示。

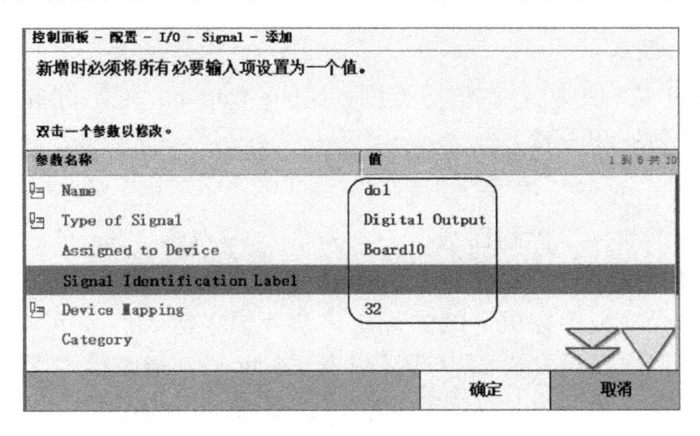

图5-22　数字输出信号完成设置效果

三、组输入信号的定义

1. 信号定义的要求

参数名称：gi1（四位输入）；信号类型：Group Input；绑定设备：Board10；通信接口板上的地址映射：1～4。

2. 操作流程

进入示教器主菜单→“控制面板”→“配置”→双击“Signal”或单击“显示全部”进入信号设置界面，选择“添加”操作。

在生成的空信号模板中完成后续的设定，参考数字输入信号定义过程，根据4个参数设定的要求，依次在设置界面中选择双击“Name”，修改信号名为“gi1”；双击“Type of Signal”，设定类型为“Group Input”；双击“Assigned to Device”，选定绑定设备为“Board10”；最后双击“Device Mapping”，更改地址为“1－4”。设定完成后选择“确定”，不重启。数字输出信号“gi1”参数设置完成后效果如图5-23所示。

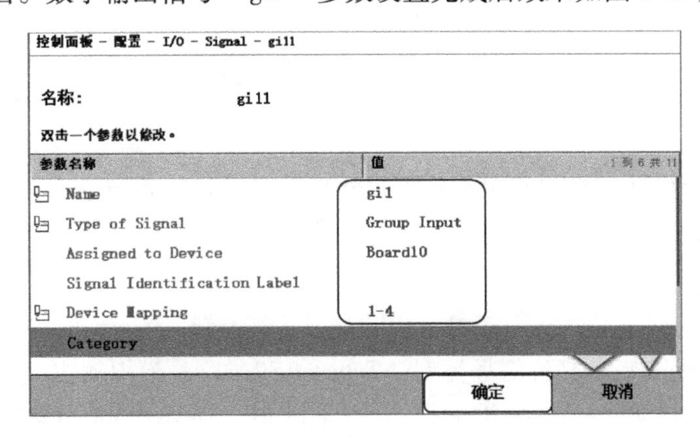

图5-23　组输入信号完成设置效果

四、组输出信号的定义

1. 信号定义的要求

参数名称：go1（4 位输出）；信号类型：Group Output；绑定设备：Board10；通信接口板上的地址映射：29 ~32。

2. 操作流程

进入示教器主菜单→“控制面板”→“配置”→双击“Signal”或单击“显示全部”进入信号设置界面，选择“添加”操作。

在生成的空信号模板中完成后续的设定，参考数字输入信号定义过程，根据 4 个参数设定的要求，依次在设置界面中选择双击“Name”，修改信号名为“go1”；双击“Type of Signal”，设定类型为“Group Output”；双击“Assigned to Device”，选定绑定设备为“Board10”；最后双击“Device Mapping”，更改地址为“29 - 32”。完成设置后，选择“确定”，当提示是否要选择重启控制器时，可选择“是”，完成重启后，所有设定的 4 个数字信号生效，代表信号定义操作最终完成。数字输出信号“go1”参数设置完成后效果如图 5-24 所示。

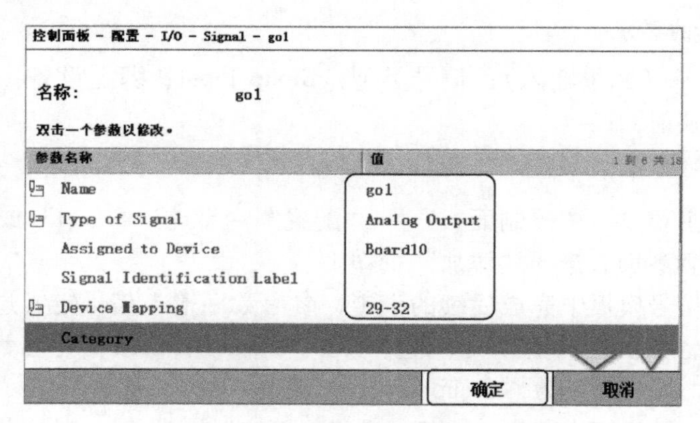

图 5-24　组输出信号完成设置效果

任务三　模拟信号的定义

因 DSQC651I/O 通信接口板只支持模拟输出信号，且输入与输出信号定义的过程类似，故以模拟输出信号定义为示例来学习模拟信号定义操作。

一、信号设置要求

信号名称（name）：ao1；信号类型（Type of Signal）：模拟输出（Analog Output）；绑定设备（Assigned to Device）：Board10；地址映射（Device Mapping）：0 ~15；模拟编码类型（Analog Encoding Type）：无符号（Unsigned）；最大逻辑值（Maximum Logical Value)：10；最小逻辑值（Minimum Logical Value)：0；最大物理值（Maximum Physical Value)：10；最小物理值（Minimum Physical)：0；最大物理限值（Maximum Physical Value Limit)：15；最大位值（Maximum Bit Value)：32767；最小位值（Minimum Bit Value)：0；其他参数不修改。

信号输出的最大电压为10 V，最小电压输出为0 V，输出信号精度为对应的16位二进制值每变化1位，电压变化范围为10 V/32768，二进制编码变化范围：0 ~32767。该操作本质上完成的是借助DSQC 651的模拟输出端口完成数字量到模拟量（电压）的转换。

二、模拟信号的设置步骤

具体操作流程与前数字信号操作类似：进入示教器主菜单→“控制面板”→“配置”→双击“Signal”或单击“显示全部”进入信号设置界面→选择“添加”操作载入空信号模板。然后安装设置参数要求，依次选择“Name”→“Type of Signal”→“Assigned to Device”→“Device Mapping”→“Analog Encoding Type”→“Maximum Logical”→“Maximum Physical Limit”→“Maximum Bit Value”，双击进入，然后根据参数设定目标将各项目参数值填入。设置完成后效果如图5-25和图5-26所示。

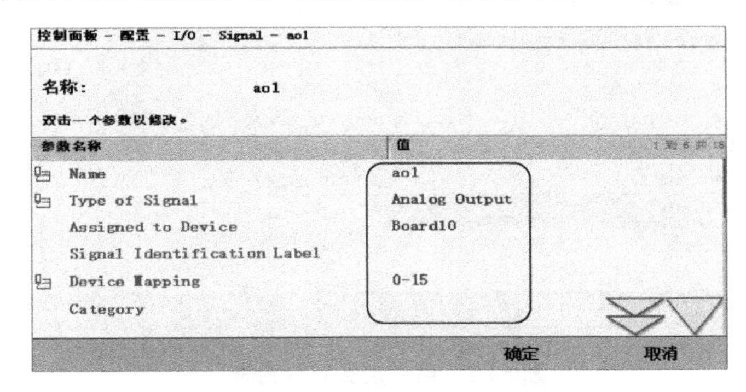

图5-25　模拟输出信号完成设置效果1

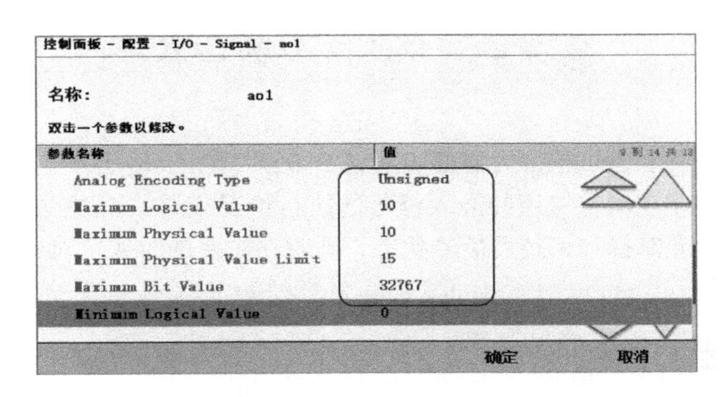

图5-26　模拟输出信号完成设置效果2

完成所有参数设置后选择确定，在弹出的“重新启动”对话框中选择“是”（见图5-27)，重启控制器后定义的模拟信号生效。

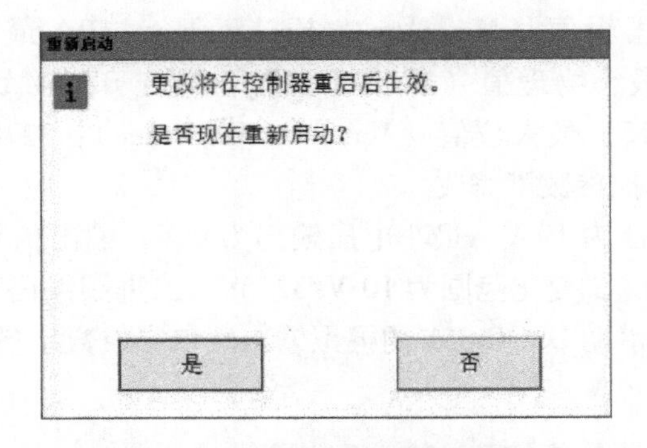

图 5-27 模拟输出信号完成设置效果 2

系统重启后，通过 ABB 功能键→“控制面板”→“配置”→“Signal”界面，在“Signal”界面中翻页至最后一页就可以查看本项目中新定义的所有 5 个信号，列表中自定义信号是可以删除的，如需修改某一信号设定只需选中修改对象，然后单击“编辑”按钮就可以进行各信号的参数修改。需要注意的是，要使修改生效同样应重启控制器。

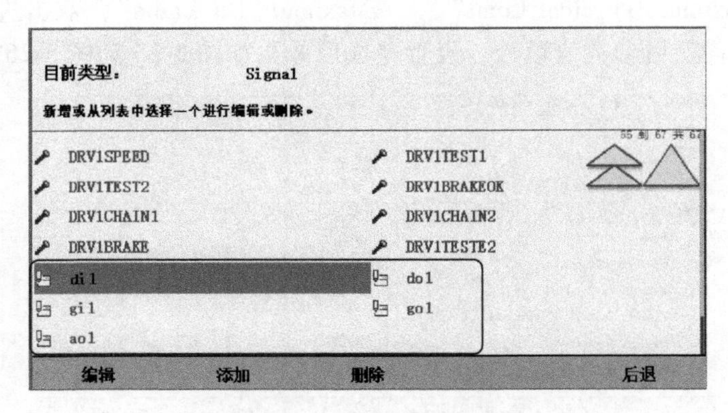

图 5-28 用户定义变量列表

任务四 I/O 信号的仿真

在机器离线编程和调试检修时需要查看各个 I/O（输入/输出）信号的状态，有时因需要还要验证程序逻辑在特定的输入信号的执行情况或是核对外围设备对输出信号的响应。这时就需要掌握如何查看信号状态，同时在需要的时候可对输入/输出信号进行仿真或强制操作。

一、查看 I/O 信号状态

在设置时需要在系统启动后，将控制柜切换到手动控制状态，然后通过示教器完成操作。单击示教器屏幕上 ABB 功能键进入“主菜单”→打开“输入输出”项目（见图 5-29）→单击界面中“视图”按钮（见图 5-30）→弹出的菜单中选中“IO 设备”→在新生成界面 I/O 设备列表中选择前面定义的通信板 Board10（见图 5-31）→点选“信号”（见图 5-32），就可以打开绑定到通信接口板 Board10 上的所有信号状态列表，表中可以显示各个信号的名称、取值、类型和仿真状态。

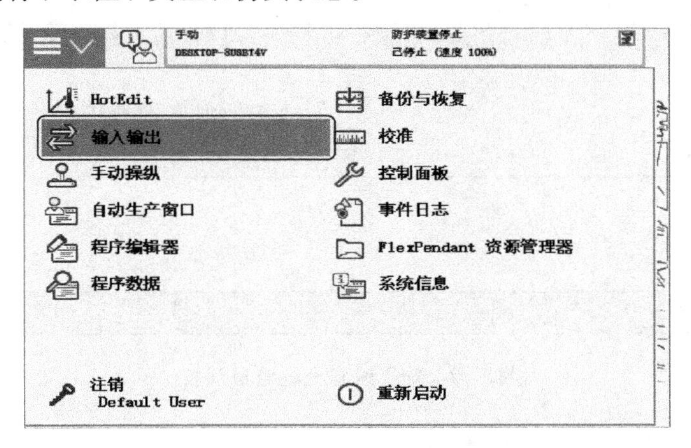

图 5-29 示教器主菜单中选中“输入输出”

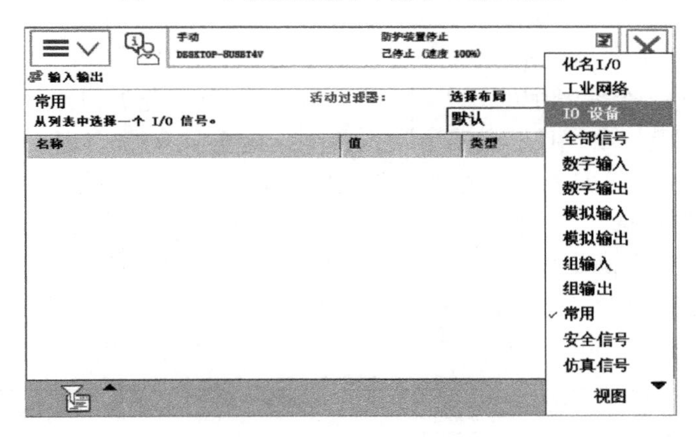

图 5-30 选中“IO 设备”

手动 DESKTOP-SUSBT4V 防护装置停止 已停止 (速度 100%)

输入输出

IO 设备

从列表中选择一个 I/O 设备。

名称	网络	地址	状态
Board10	DeviceNet	10	正在运行
DN_Internal_Device	DeviceNet	2	正在运行
DRV_1	Local	-	正在运行
EN_Internal_Device	EtherNetIP		正在运行
PANEL	Local	-	正在运行
PB_Internal_Anybus	PROFIBUS_Anybus	125	正在运行

停止 信号 位值 视图

图 5-31 I/O 设备列表

手动 DESKTOP-SUSBT4V 防护装置停止 已停止（速度 100%）

IO 设备

I/O 设备上的信号：Boa...
从列表中选择一个 I/O 信号。
活动过滤器：
选择布局
默认

名称	值	类型	设备
ao1	0.00	AO: 0-15	Board10
di1	0	DI: 0	Board10
do1	0	DO: 32	Board10
gi1	0	GI: 1-4	Board10
go1	0.00	AO: 29-32	Board10

关闭

图 5-32　I/O 设备上的信号列表

二、信号的仿真

1. 位数字信号仿真

信号列表中的 5 个信号中的“di1”与“do1”取值情况类似同是一位信号，都只有两个逻辑状态“0”或“1”，仿真方法也相同，这里只介绍“di1”的仿真。首先在图 5-32 所示的 I/O 信号列表中点选“di1”，然后单击“仿真”按钮进入仿真状态，接下来只要根据需要点选“0”或“1”就可以让数字输入信号直接获得相应的逻辑“0”或逻辑“1”取值，以满足程序执行、调试需要。具体过程可参照图 5-33 ~图 5-35。仿真结束后单击“消除仿真”就可以脱离仿真状态。

位数字输出信号“do1”的仿真操作方法与“di1”完全相同。

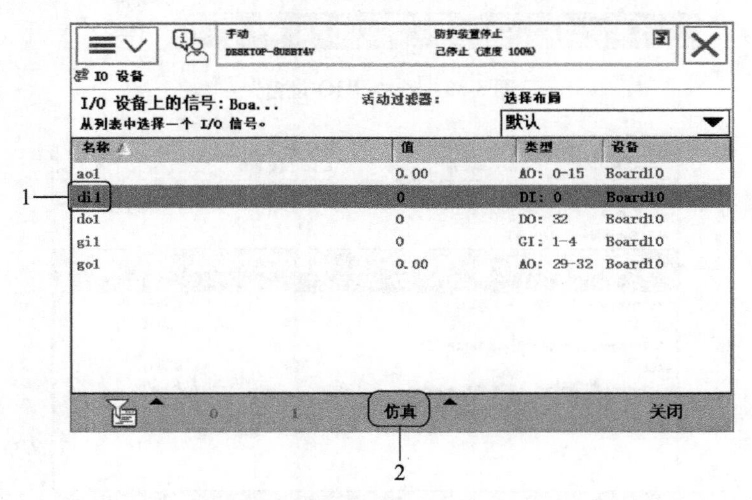

图 5-33　进入仿真状态

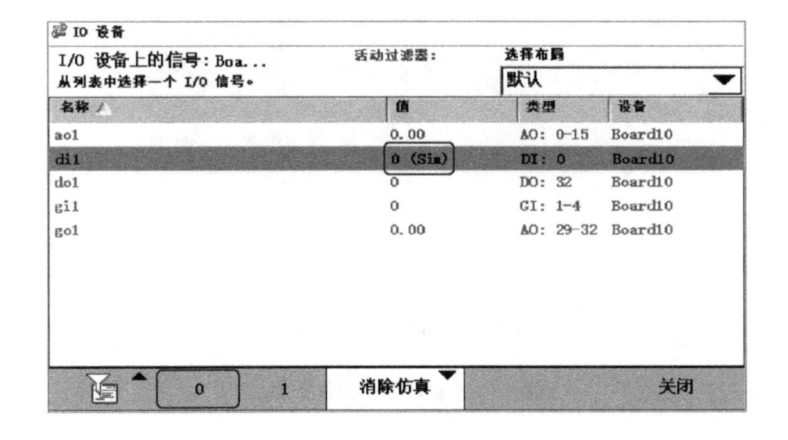

图 5-34　di1 仿真为“0”

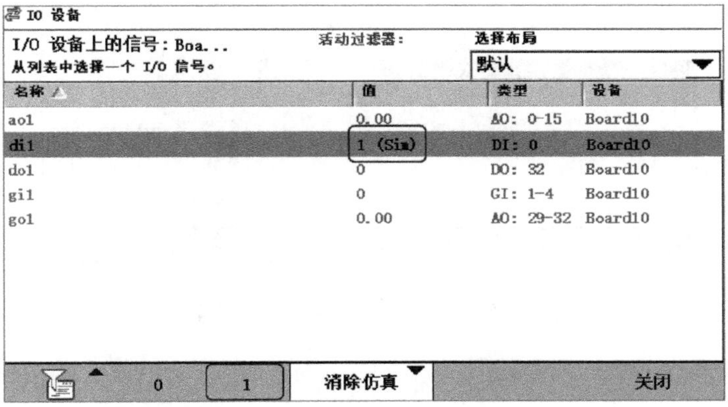

图 5-35　di1 仿真为“1”

2. 组数字信号的仿真

列表中的组输入信号“gi1”和组输出信号“go1”都是占用4个地址，即4位信号，其二进制真值取值范围为0000～1111，对应的十进制值范围为0～15。为了操作方便，一般仿真时只以十进制模式设定值。因为两种信号情况相同，在此只演示对“gi1”的仿真操作。

操作过程与数字信号“di1”类似，在I/O信号列表中选中“gi1”→单击“仿真”进入仿真状态（见图5-36）→单击按钮“123...”进入仿真值设定界面（见图5-37），通过数字键盘就可以在0～15之间自由设定。

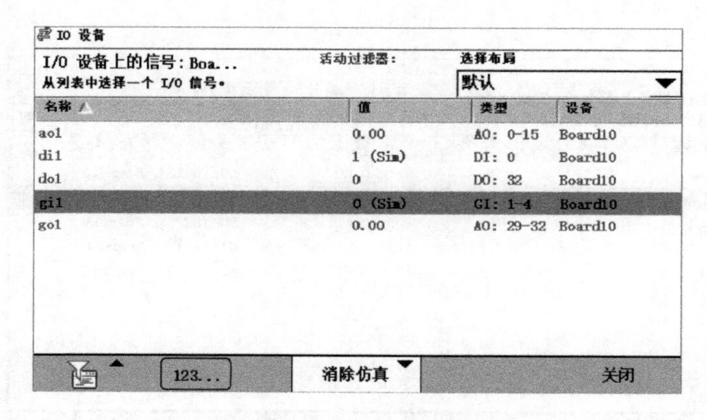

图 5-36　gi1 信号仿真界面

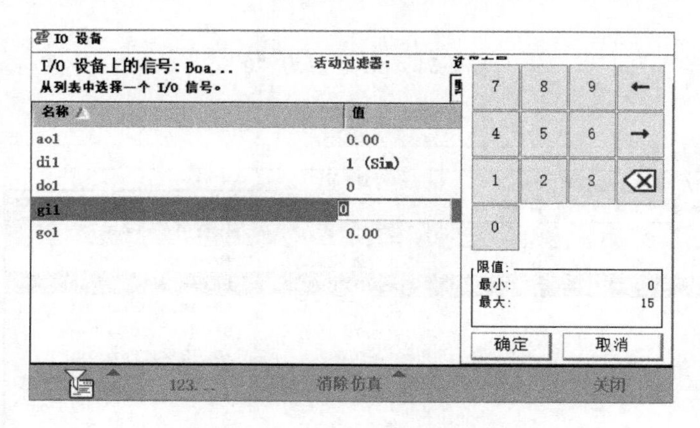

图 5-37　gi1 信号仿真值设定界面

3. 模拟信号的仿真

以模拟输出信号“ao1”为例进行操作。与数字信号仿真操作类似，首先在 I/O 信号列表中选中模拟输出信号“ao1”，然后单击“仿真”就进入如图 5-38 所示仿真界面。

IO 设备

I/O 设备上的信号：Boa...　活动过滤器：　选择布局：默认

从列表中选择一个 I/O 信号。

名称	值	类型	设备
ao1	0.00 (Sim)	AO: 0-15	Board10
di1	0 (Sim)	DI: 0	Board10
do1	0	DO: 32	Board10
gi1	0 (Sim)	GI: 1-4	Board10
go1	0.00 (Sim)	AO: 29-32	Board10

123...　消除仿真　关闭

图 5-38　ao1 信号仿真界面

单击按钮“123...”进入仿真值设定界面（见图 5-39），在数字键盘中可以根据需要在0 ~10 范围之内自由设定。模拟信号的输出值为模拟量仿真时的输入值，还是真值根据信号定义对应的都是十进制无符号数，小数点后保留两位。如需要取消仿真，单击“消除仿真”即可。

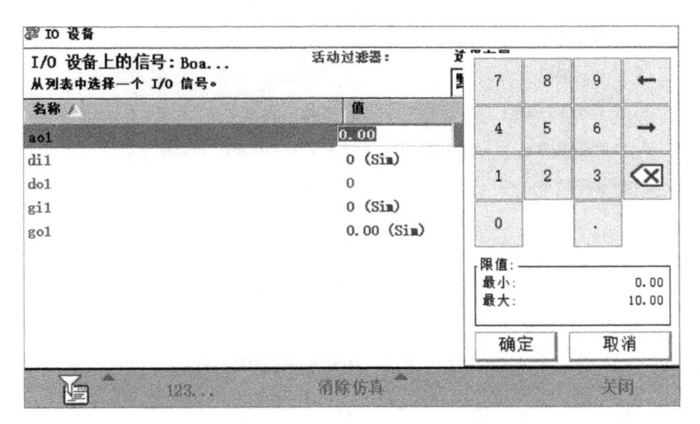

图 5-39　ao1 信号仿真值设定界面

任务五　系统信号与I/O信号的关联

在机器人系统的工作中，有时需要外部输入信号对系统某些动作行为进行控制，或是需要系统输出信号控制外围设备，这时就可以通过将输入信号与系统控制信号关联起来实现联动。一般情况下关联的I/O信号都为数字信号。可以关联的系统I/O信号有多种选择，只要编程人员对系统信号有足够的了解，就可以根据自己的程序逻辑自由配置。

用户定义的I/O信号与系统I/O信号的关联操作分两种情况：输入信号与系统信号关联实现外部信号对系统的控制、系统信号与输出信号关联实现系统信号对外围设备的控制。两种情况各举一个示例以说明如何操作的问题。

一、输入信号“di1”与系统信号“电动机开启”的关联

机器人系统启动后进入手动控制状态，在示教器界面中单击ABB功能键进入主菜单→选中“控制面板”（见图5-40）→单击“配置”（见图5-41）→双击“System Input”（见图5-42）→单击“添加”（见图5-43）→在“Signal Name”栏中选中“di1”（见图5-44）→在“Action”界面中选中“Motors On”，单击“确定”（见图5-45）→然后单击“确定”完成关联设置（见图5-46），但是要注意要使关联生效必须对控制器进行重启操作（见图5-47）。

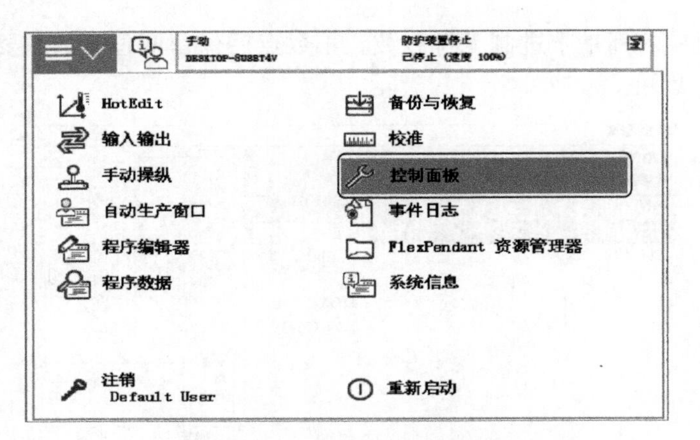

图 5-40 选中“控制面板”项

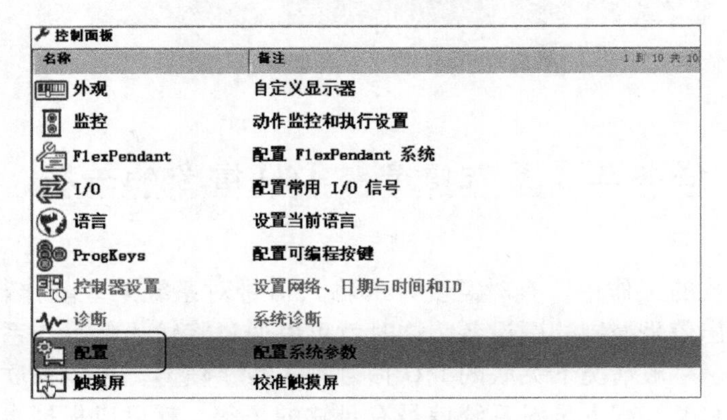

图 5-41 选择“配置”项

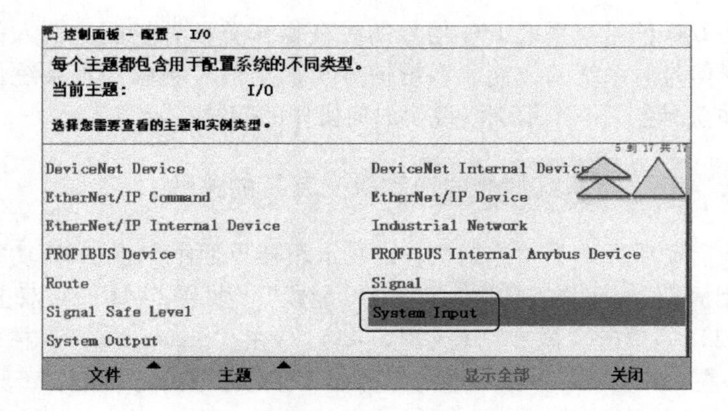

图 5-42 双击“System Input”项

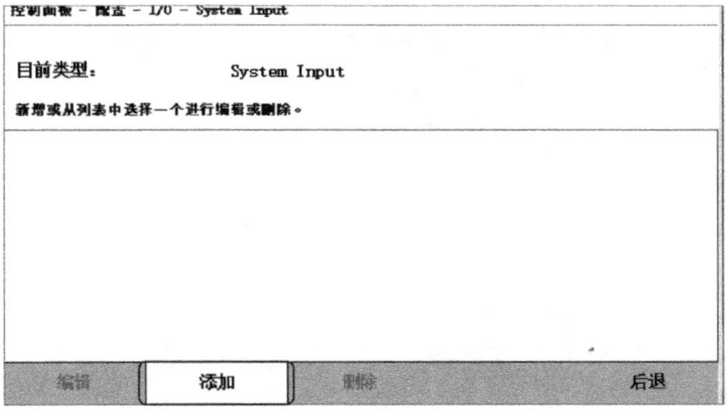

图 5-43　单击“添加”按钮

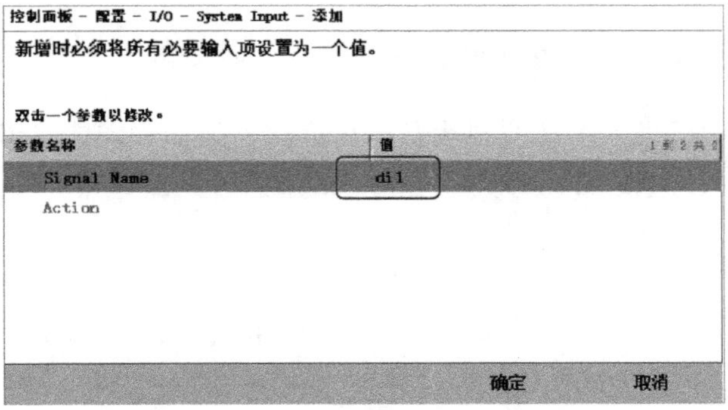

图 5-44　“Signal Name”选择数字输入信号“di1”

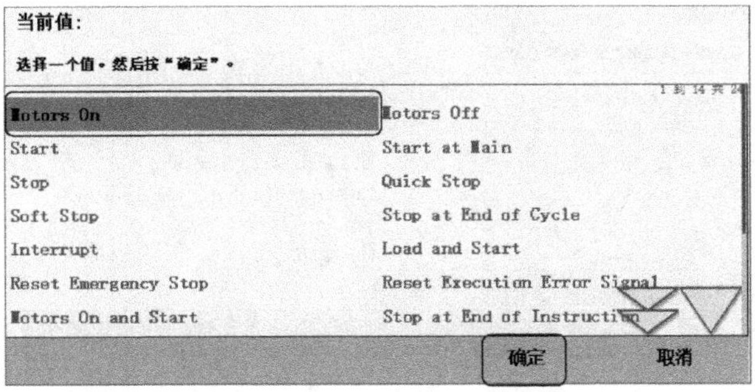

图 5-45　单击“Action”栏选中系统信号“Motors On”

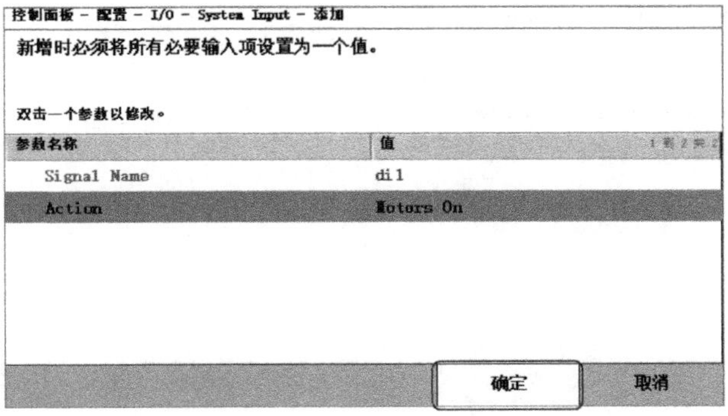

图 5-46　完成参数设置单击“确定”按钮

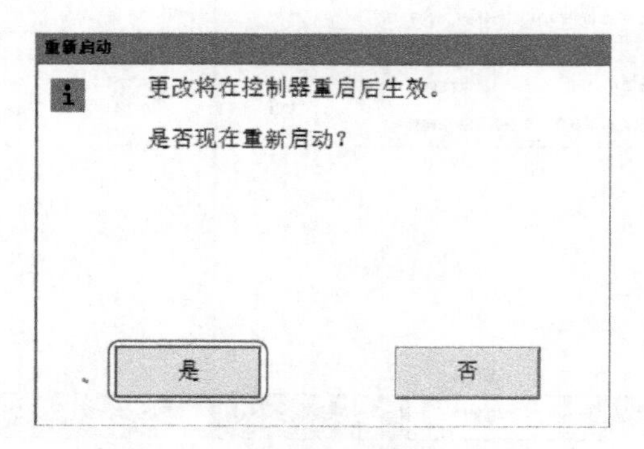

图 5-47 确认重启控制器

二、系统信号“电机开启”与输出信号“do1”的关联

机器人系统启动后进入手动控制状态，在示教器界面中单击 ABB 功能键进入主菜单→选中“控制面板”（见图5-40）→单击“配置”（见图5-41）→双击“System Output”（见图5-48）→单击“添加”（见图5-49）→在”Signal Name”栏中选中“do1”（见图5-50）→在”Status”界面中选中“Motors On”（见图5-51）→然后单击“确定”完成关联设置（见图5-52），但是要注意要使关联生效必须对控制器进行重启操作（见图5-53）。

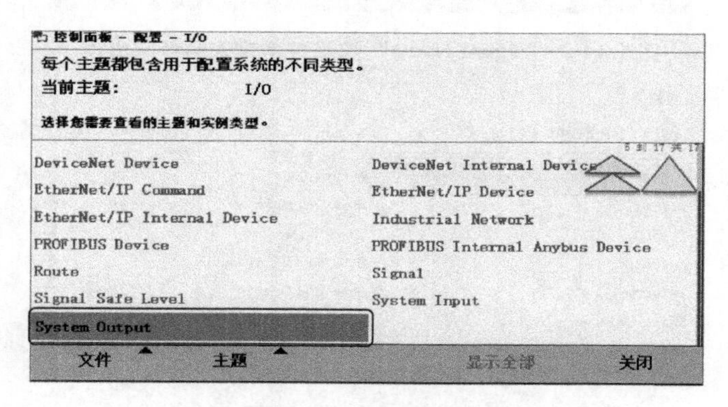

图 5-48 选择“System Output”

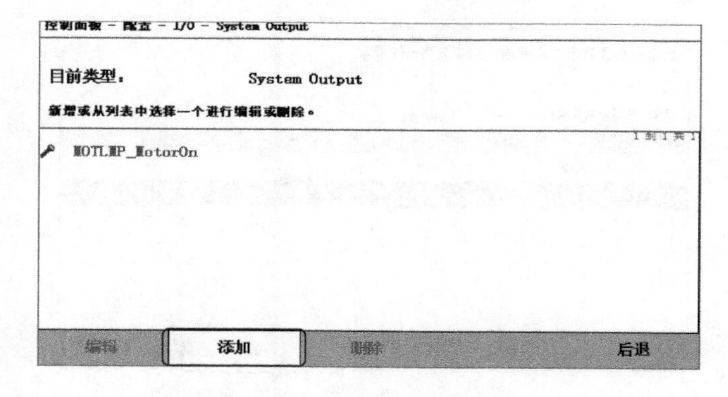

图 5-49 单击“添加”按钮

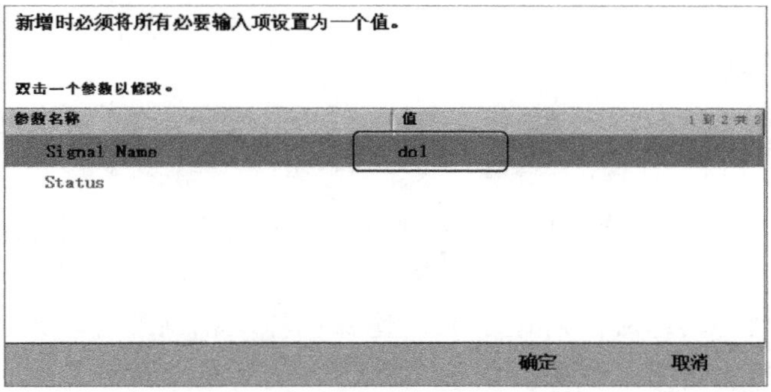

新增时必须将所有必要输入项设置为一个值。

双击一个参数以修改。

参数名称	值
Signal Name	do1
Status	

确定　取消

图 5-50　“Signal Name”选择数字输出信号“do1”

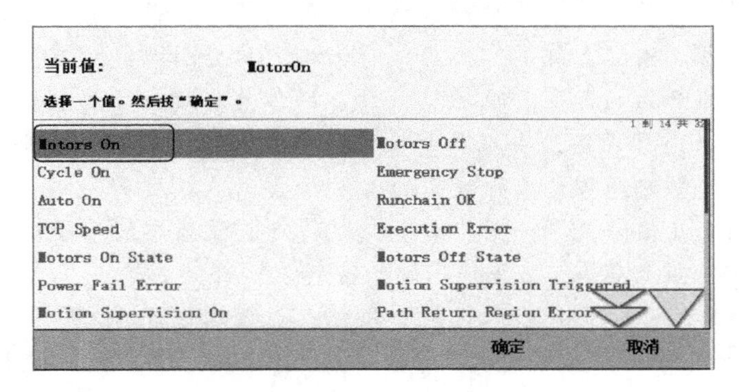

图 5-51　选择“Motors On”

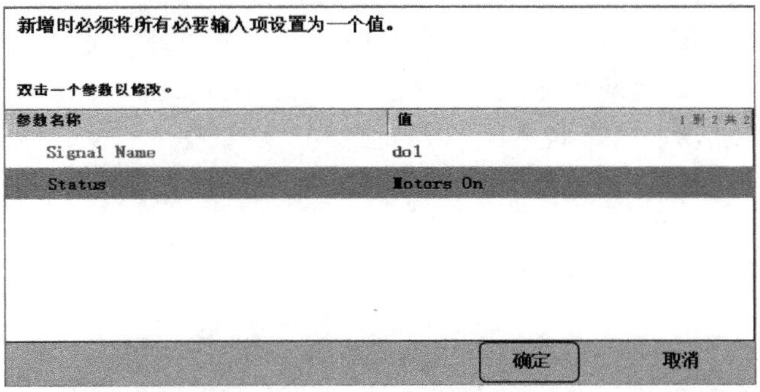

新增时必须将所有必要输入项设置为一个值。

双击一个参数以修改。

参数名称	值
Signal Name	do1
Status	Motors On

确定　取消

图 5-52　单击“确定”按钮

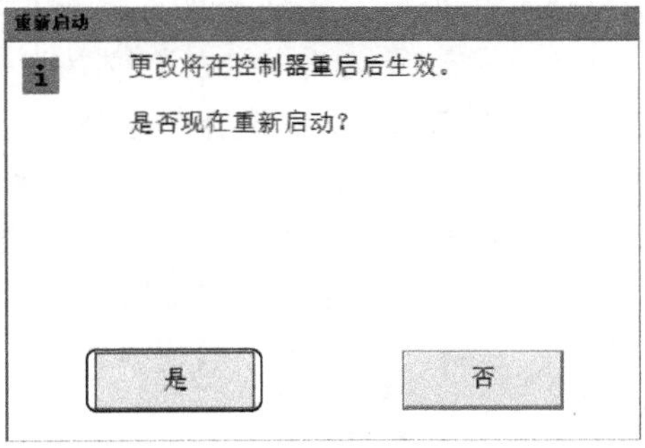

重新启动

更改将在控制器重启后生效。

是否现在重新启动?

是　否

图 5-53　确认重启控制器

项目拓展

现场总线

现场总线（Fieldbus）是20世纪80年代末、90年代初国际上发展形成的，用于过程自动化、制造自动化、楼宇自动化等领域的现场智能设备互连通信网络。它作为工厂数字通信网络的基础，沟通了生产过程现场及控制设备之间及其与更高控制管理层次之间的联系。它不仅是一个基层网络，而且是一种开放式、新型全分布控制系统。这项以智能传感、控制、计算机、数字通信等技术为主要内容的综合技术，已经受到世界范围的关注，成为自动化技术发展的热点，并将导致自动化系统结构与设备的深刻变革。国际上许多有实力、有影响力的公司都先后在不同程度上进行了现场总线技术与产品的开发。现场总线设备的工作环境处于过程设备的底层，作为工厂设备级基础通信网络，要求具有协议简单、容错能力强、安全性好、成本低的特点：具有一定的时间确定性和较高的实时性要求，还具有网络负载稳定，多数为短帧传送、信息交换频繁等特点。由于上述特点，现场总线系统从网络结构到通信技术，都具有不同上层高速数据通信网的特色。

一般把现场总线系统称为第五代控制系统，也称作FCS——现场总线控制系统。人们一般把20世纪50年代前的气动信号控制系统PCS称作第一代，把4 ~20 mA等电动模拟信号控制系统称为第二代，把数字计算机集中式控制系统称为第三代，而把20世纪70年代中期以来的集散式分布控制系统DCS称作第四代。现场总线控制系统FCS作为新一代控制系统，一方面，突破了DCS系统采用通信专用网络的局限，采用了基于公开化、标准化的解决方案，克服了封闭系统所造成的缺陷；另一方面，把DCS的集中与分散相结合的集散系统结构，变成了新型全分布式结构，把控制功能彻底下放到现场。可以说，开放性、分散性与数字通信是现场总线系统最显著的特征。

1. 现场总线特点

（1）系统的开放性

开放系统是指通信协议公开，各个不同厂家的设备之间可进行互连并实现信息交换，现场总线开发者就是要致力于建立统一的工厂底层网络的开放系统。这里的开放是指与相关标准的一致性、公开性，强调对标准的共识与遵从。一个开放系统，它可以与任何遵守相同标准的其他设备或系统相连。一个具有总线功能的现场总线网络系统必须是开放的，开放系统把系统集成的权利交给了用户。用户可按自己的需要和对象把来自不同供应商的产品组成大小随意的系统。

（2）互可操作性与互用性

互可操作性，是指实现互连设备间、系统间的信息传送与沟通，可实行点对点、一点对多点的数字通信。互用性则意味着不同生产厂家的性能类似的设备可进行互换而实现互用。

（3）智能化与功能自治性

它将传感测量、补偿计算、工程量处理与控制等功能分散到现场设备中完成，仅

靠现场设备即可完成自动控制的基本功能，并可随时诊断设备的运行状态。

（4）系统结构的高度分散性

现场设备本身已可完成自动控制的基本功能，使得现场总线构成一种新的全分布式控制系统的体系结构。这从根本上改变了现有DCS集中与分散相结合的集散控制系统体系，简化了系统结构，提高了可靠性。

（5）对现场环境的适应性

工作在现场设备前端，作为工厂网络底层的现场总线，是专为在现场环境工作而设计的，它可支持双绞线、同轴电缆、光缆、射频、红外线、电力线等，具有较强的抗干扰能力，能采用两线制实现送电与通信，并可满足本质安全防爆要求等。

2. 现场总线优点

（1）节省硬件数量与投资

由于现场总线系统中分散在设备前端的智能设备能直接执行多种传感、控制、报警和计算功能，因而可减少变送器的数量，不再需要单独的控制器、计算单元等，也不再需要DCS系统的信号调理、转换、隔离技术等功能单元及其复杂接线，还可以用工控PC机作为操作站，从而节省了一大笔硬件投资。此外，控制设备的减少，还可使控制室的占地面积减小。

（2）节省安装费用

现场总线系统的接线十分简单，由于一对双绞线或一条电缆上通常可挂接多个设备，因而电缆、端子、槽盒、桥架的用量大大减少，连线设计与接头校对的工作量也大大减少。当需要增加现场控制设备时，无须增设新的电缆，可就近连接在原有的电缆上，既节省了投资，也减少了设计、安装的工作量。据有关典型试验工程的测算资料，可节约60%以上的安装费用。

（3）节省维护开销

由于现场控制设备具有自诊断与处理简单故障的能力，并通过数字通信将相关的诊断维护信息送往控制室，用户可以查询所有设备的运行，诊断维护信息，以便早期分析故障原因并快速排除。这样缩短了维护停工时间，同时由于系统结构简化，连线简单而减少了维护工作量。

（4）系统集成主动权

用户可以自由选择不同厂商所提供的设备来集成系统，避免因选择了某一品牌的产品被“框死”了设备的选择范围，不会为系统集成中不兼容的协议、接口而一筹莫展，使系统集成过程中的主动权完全掌握在用户手中。

（5）准确性与可靠性

现场总线设备的智能化、数字化，与模拟信号相比，从根本上提高了测量与控制的准确度，减少了传送误差。同时，由于系统的结构简化，设备与连线减少，现场仪表内部功能加强：减少了信号的往返传输，提高了系统的工作可靠性。此外，由于设备标准化和功能模块化，因而现场总线还具有设计简单，易于重构等优点。

（注：本素材源于百度词条）

项目小结

实现机器人通信接口板的配置需要先确定机器人控制主机支持什么样的现场总线；其次是所使用的机器人系统需要哪些 I/O 信号；最后根据 I/O 信号类型数量、总线标准及机器人系统实现的功能来选择机器人通信接口板。

常用的工业机器人现场总线标准包括 DeviceNet 通信总线、PROFIBUS（Process Field Bus）通信总线、Ethernet/IP 通信总线等。

机器人系统的 I/O 信号根据性质可分为模拟信号和数字信号；根据信号流向可以分为输入信号和输出信号；功能划分没有统一的标准，一般随系统的用途而定。ABB 常用的标准板通常是挂在 DeviceNet 通信总线上，如 DSQC 651、DSQC 652、DSQC 653 等，它们之间的区别只是支持信号的数量和种类的差异，配置的方法基本相同。

数字信号的定义分为数字输入信号和数字输出信号两种情况。数字 I/O 信号定义时可以实现每个信号对应一路开关状态信号（对应逻辑“0”、逻辑“1”），也可以对应一组开关状态信号（每一位都对应着一组逻辑“0”、逻辑“1”状态）。对数字信号的定义分数字输入、数字输出、组输入、组输出四种情况来实施。模拟信号的定义操作过程与数字信号类似，关键也要了解需要进行配置的各个参数的格式和意义。

ABB 的 IRC5 机器人控制系统支持对 I/O 信号的仿真。在机器离线编程和调试检修时需要查看各 I/O（输入输出）信号的状态，有时还要验证程序逻辑在特定的输入信号的执行情况或是核对外围设备对输出信号的响应。这时就需要掌握如何查看信号状态，同时在需要的时候可对输入输出信号进行仿真或强制操作。

思考与练习

1. 在机器人仿真平台上完成 DSQC 651 通信接口板的绑定相关操作。

2. 在机器人仿真平台上，基于 DSQC 651 通信接口板完成项目中指定的数字输入、输出、模拟输出、组输入、组输出信号的定义。

3. 在仿真平台上通过虚拟示教器完成对题目 2 中各信号的强制仿真操作，并观察设置效果。

项目六 工业机器人的程序数据

项目要求

1. 学会通过示教器查看和创建一般程序数据；
2. 掌握重要程序数据——工具数据的在线定义方法；
3. 掌握重要程序数据——工件坐标数据的在线定义方法；
4. 掌握重要程序数据——有效载荷数据的在线定义方法。

任务一 程序数据的建立

ABB 机器人的程序结构从上层到底层一般为任务→模块→例行程序→指令。对于例行程序可以看作一组指示机器人控制机或其他具有信息处理能力装置执行动作或做出判断的指令，而数据是贯穿整个机器人程序架构中的重要元素，可以被定义为被程序处理的信息。了解机器人的数据类型和组成，熟练掌握数据的查看和创建操作有着十分重要的意义。

机器人的数据创建有两种形式：一种是在程序编写前预先创建，一种是在添加指令的过程中生成相应的程序数据。

一、程序数据的查看

单击 ABB 功能键→程序数据，即可进入程序数据界面，如图 6-1 所示。当前页面显示界面中显示时钟、载荷、数值、工具、工件坐标 5 种数据类型，单击“视图”就可发现当前勾选的是“已用数据类型”，如果想查看 RobotStudio 6. 06 支持的所有类型，只需勾选“全部数据类型”即可。

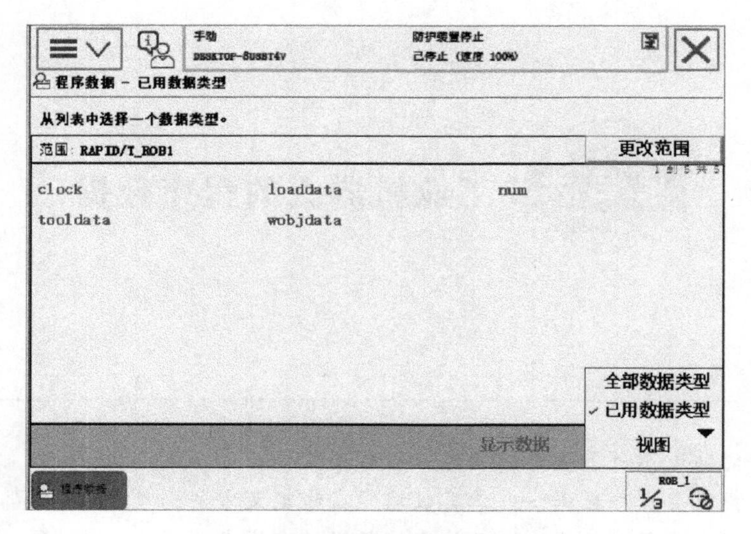

图 6-1　程序已用数据类型列表

从图 6-2 所示界面中可以查看全部数据类型，如界面中标注，RobotStudio 6. 06 支持的数据类型共 24 页 102 种，具体程序数据类型数量版本号越高，种类越多。如早期的 5. 15 版只支持 76 种程序数据。如想查看某种类型只需点中所选类型即可。如想查看“tooldata”数据，只需翻页找到目标后，单击屏幕下方的“显示数据”即可打开该类型数据列表界面。如图 6-3 所示，当前系统中的工具数据“tooldata”列表中只有一项：tool0，在当前界面可以进一步对数据 tool0 进行“编辑”修改或是选择“新建”完成添加新工具数据的操作。

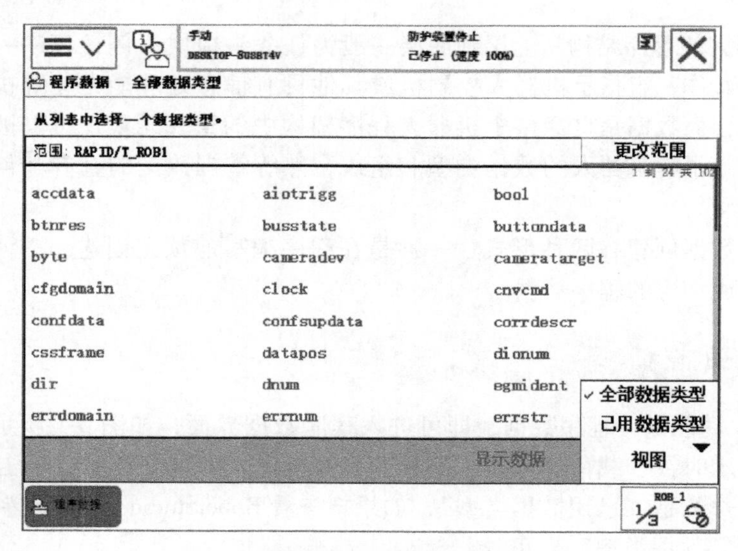

图 6-2　程序已用数据类型列表

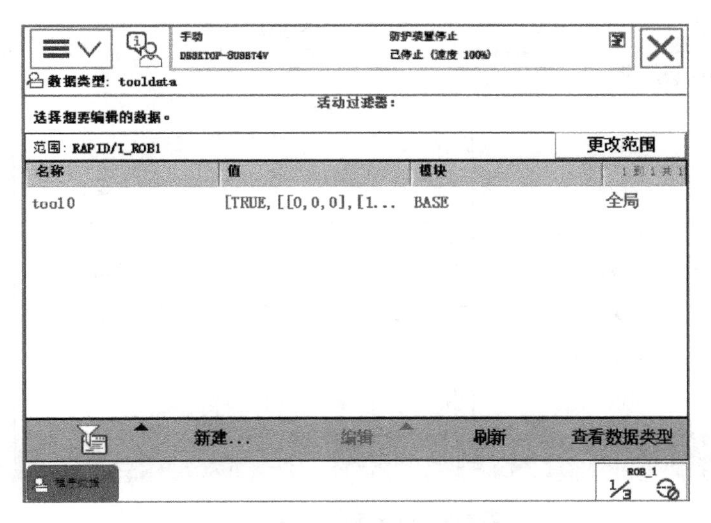

图 6-3 查看 tooldata 程序数据

二、新建程序数据

以新建数值型（num）程序数据为例来说明基本操作过程。

首先要选中数据类型，具体操作流程：单击 ABB 功能键→程序数据→选中类型“num”→单击“显示数据”进入如图6-4 所示界面→单击“新建”，进入如图6-5 所示界面。在界面中可以完成如下操作：数据的命名、设定范围、存储类型、归属的任务、归属的模块、归属的例行程序。

需要说明的是，这里所提到的数据范围是指可获得数据的区域，有三种选择：全局（整个程序内可调用）、本地（模块内可调用）、任务（整个任务内可调用）。程序数据的存储类型分为三种：变量（在所属范围内程序执行或停止过程中保留当前值，程序指针回主程序值会丢失）、可变量（在所属范围内无论程序指针如何跳转，都会保留最后赋值）、常量（所属范围内，赋值一直保持，直到重新赋值）。

手动 DESKTOP-SUSBT4V 防护装置停止 已停止 (速度 100%)

数据类型: num

选择想要编辑的数据。 活动过滤器:

范围: RAPID/T_ROB1 更改范围

名称	值	模块	1 到 5 共 5
reg1	0	user	全局
reg2	0	user	全局
reg3	0	user	全局
reg4	0	user	全局
reg5	0	user	全局

新建... 编辑 刷新 查看数据类型

图 6-4 num 程序数据界面

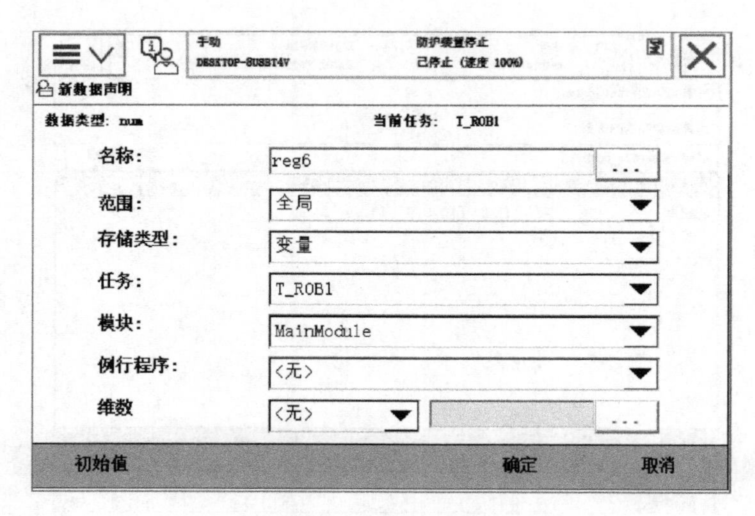

图 6-5 num 程序数据定义

任务二 工具数据的设定

对工业机器人而言，工具数据是最重要的程序数据之一，需要在编程操作前做出正确定义。工具数据包含了对安装在机器人末端关节轴上的工具中心点（TCP）、质量、中心、姿态等参数的描述或声明。机器人系统的工具随具体应用不同而变化，不同的工具对应着不同的工具数据。一般来讲，在未完成工具数据定义前，系统默认的工具中心点为机器人末端关节轴法兰中心点。

一、生成工具模板

空白的工具模板的生成可以按照本项目任务一介绍的方法操作：在图 6-3 界面中选择“新建”来打开工具数据属性设定界面；也可在“手动操纵”选项中找到相关内容。无论选择哪种方法，最终都需要在工作范围内找到一个精确的点，来辅助系统工具中心点的测算，然后再设定其他参数，在仿真环境中完成操作，对前面生成的工作站布局中的小桌和工件位置加以调整，让机器人在选定的参考点（小桌中心圆柱上表面中心点）周围有足够的活动空间，调整后的效果如图 6-6 所示。

生成空工具数据模板的第二种方式具体操作如下：ABB 功能键→“手动操纵”选项（见图 6-7）→“工具坐标”→“新建”按钮（见图 6-8）→工具属性设置后确定生成新工具模板 tool1。在为充分了解各属性所带表含义前，可使用默认设置直接单击“确定“即可。

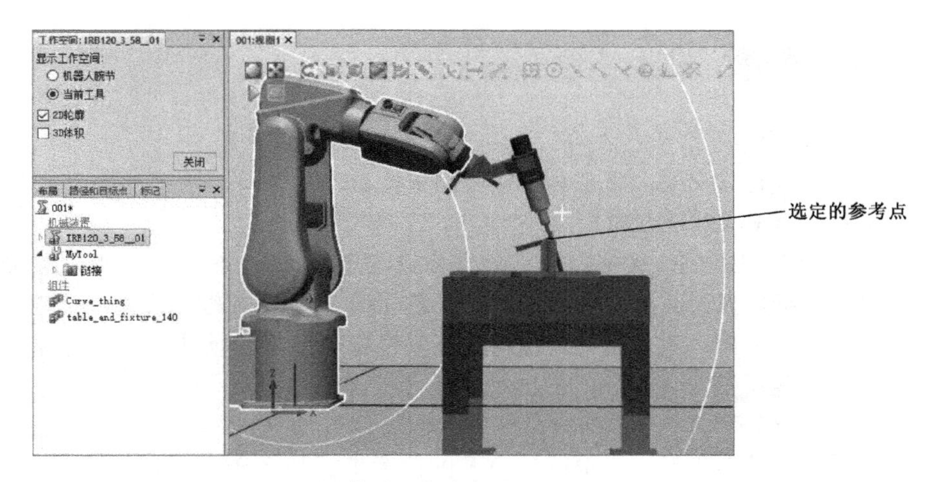

图 6-6　调整后工作站布局

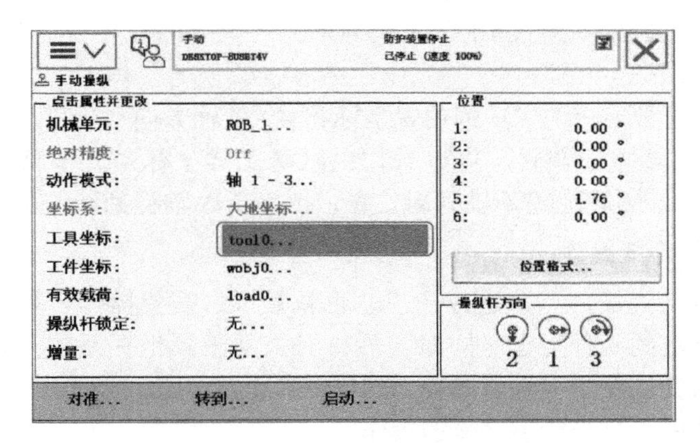

图 6-7　手动操纵界面

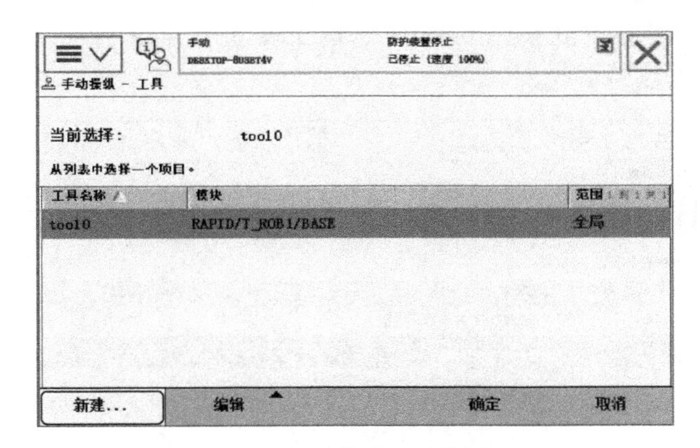

图 6-8　手动操纵 - 工具界面

二、工具坐标的定义

1. 工具坐标的定义方法

工具坐标定义有以下三种方法可以选择。

(1) TCP（默认方向）

只计算 TCP 的位置坐标，方向与默认工具 tool0 坐标一致，也就是新工具坐标以 TCP 为坐标原点，*X* 轴、*Y* 轴平行于 tool0 工具坐标的 *X* 轴和 *Y* 轴，*Z* 轴与默认的工具坐标重合，方向一致，也就是说新的工具坐标可以看作默认工具坐标系沿 *Z* 轴方向平移一段距离所得。

(2) TCP 和 *Z*

需要计算新坐标原点也就是 TCP 的位置坐标和 *Z* 轴方向，新建工具坐标系方向通过改变 *Z* 轴方向获得，可以看作由默认工具坐标系先平移到新的坐标原点（也就是 TCP 位置），然后旋转 *Z* 轴得到新的工具坐标系。

(3) TCP 和 *Z*，*X*

需要计算新坐标原点（TCP）的位置坐标和 *Z*，*X* 轴方向，新工具坐标系的方向通过同时改变 *Z* 和 *X* 轴方向获得。可以看作由默认工具坐标系先平移到新的坐标原点（也就是 TCP 位置），然后旋转 *Z* 轴到新位置，再旋转 *X* 轴得到新的工具坐标系。

2. 工具坐标的定义操作

选择第 3 种定义方法，点数选择 4 点，也就是说，需要操作者提供给机器人系统以同一参考点为基准的 4 种姿态，同时告诉机器人新工具坐标系的 *X* 轴、*Z* 轴的正方向，然后由机器人完成新坐标系位置姿态的计算。

下面开始具体的工具坐标系定义的操作。

首先，如图 6-9 所示选中新建立的工具模板 tool1，然后按“编辑”按钮在弹出的菜单中选中定义，就会得到如图 6-10 所示的工具坐标定义界面，选择定义方法为“TCP 和 *Z*，*X*”，点数为 4 点。

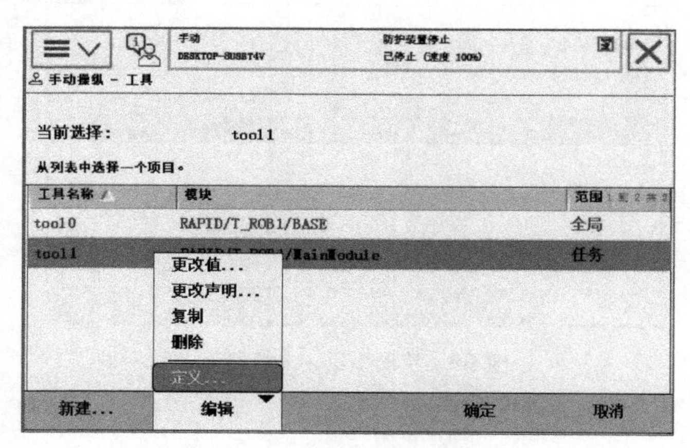

图 6-9 手动操纵 – 工具界面

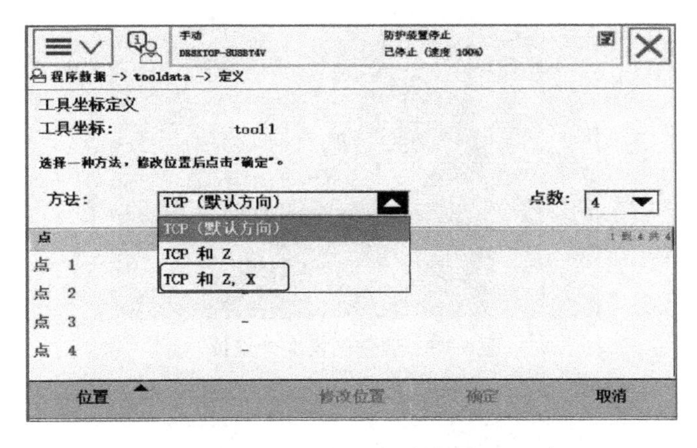

图 6-10　工具坐标定义界面

按照手动操纵方法，通过示教器调出 4 个点位姿态，每确定一个姿态，单击一次修改位置，过程如图 6-11 ~图 6-18 所示。需要注意的是，前 3 个点位要求机器人的姿态差异尽可能大，第 4 个点位要保证工具垂直于参考点，同时尽量保证 6 个轴都参与姿态调整，这样可以尽量提高校准精度，建议手动操纵时粗调用手动轴运动模式，只有距离目标点足够近的时候，为了提高效率可以考虑用手动线性运动模式进行微调。

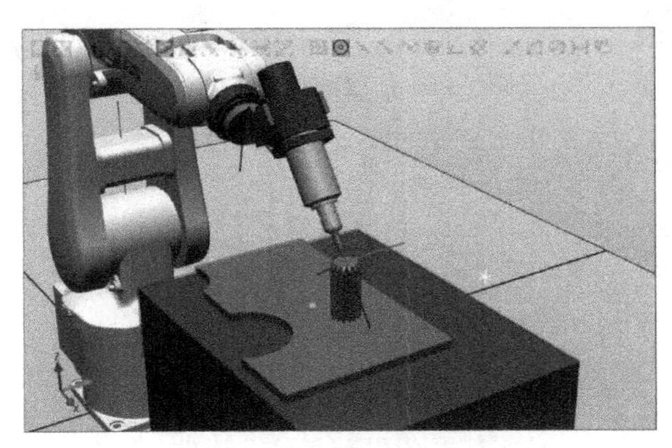

图 6-11　调整到第 1 个点位

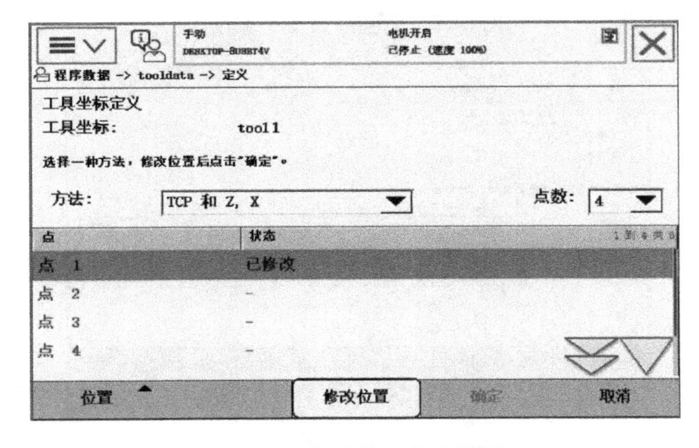

图 6-12　修改第 1 个点位置

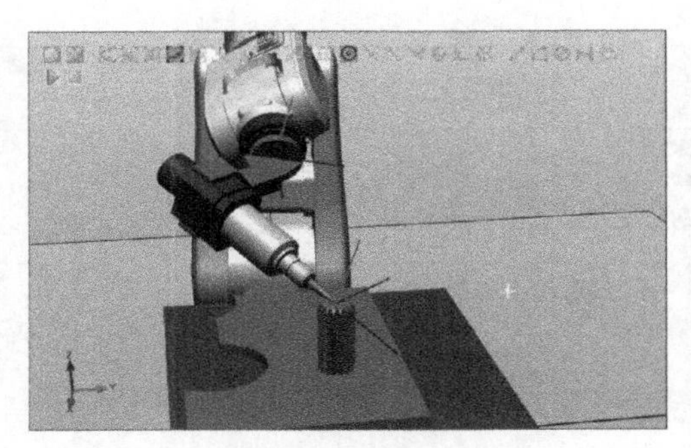

图 6-13　调整到第 2 个点位

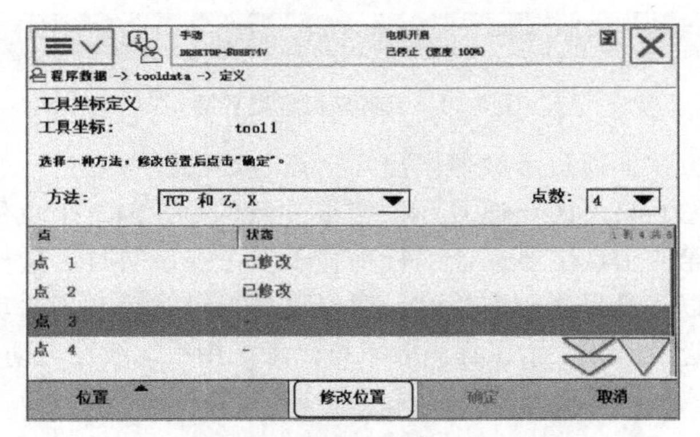

图 6-14　修改第 2 个点位置

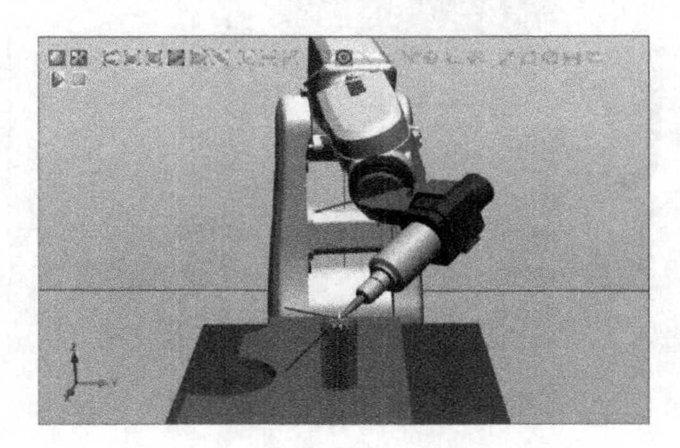

图 6-15　调整到第 3 个点位

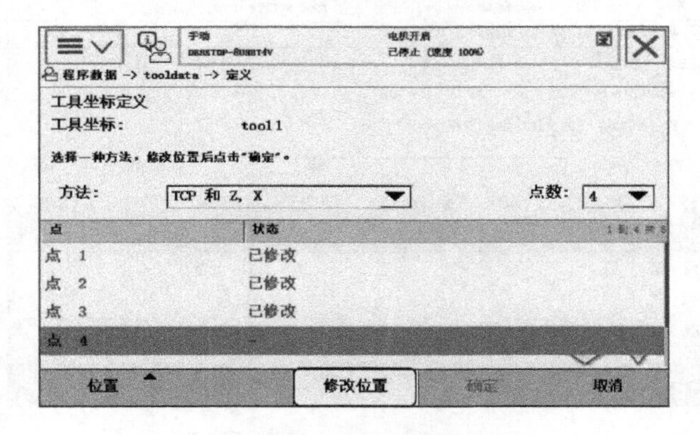

图 6-16　修改第 3 个点位置

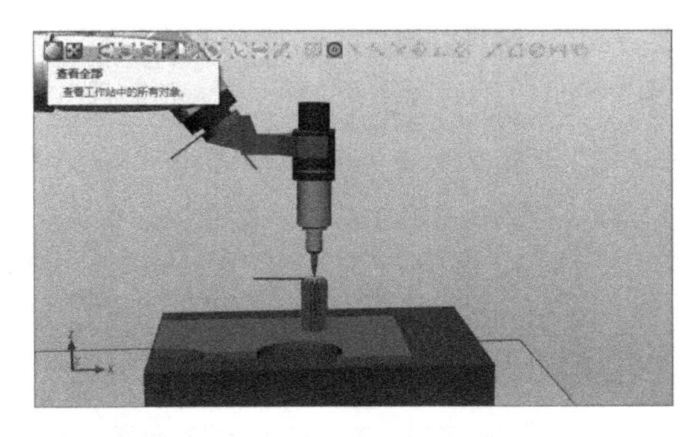

图 6-17　调整到第 4 个点位（工具垂直于参考点）

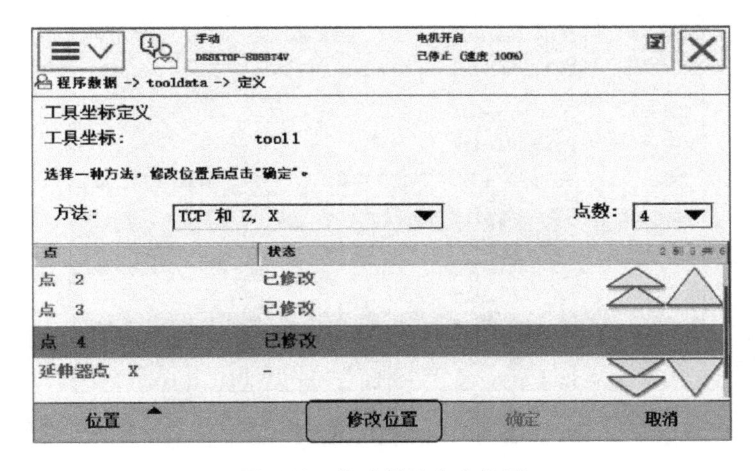

图 6-18　修改第 4 个点位置

完成 4 个点位置设定后需要确定 *X* 轴方向，以参考点为原点参考图 6-20 所设定的 *X* 轴正方向移动一段距离，然后修改位置，此时操作模式可以选择手动线性。然后依旧使用线性操作模式让机器人回到参考点，在如图 6-21 所示 *Z* 轴正方向移动一定的距离后修改位置，就完成了所有 6 个位置的设定。得到图 6-22 所示界面，单击“确定”，机器人系统就开始工具坐标的测算，结果如图 6-23 所示，如对计算结果精度可以接受，就单击“确定”进入工具数据列表界面。

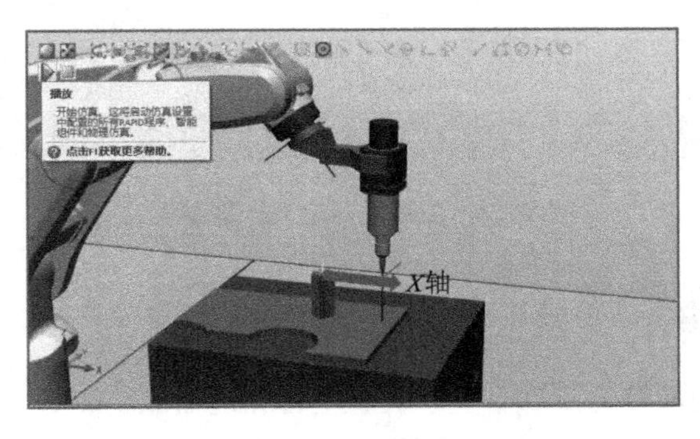

图 6-19　沿 *X* 轴正方向移动一定的距离

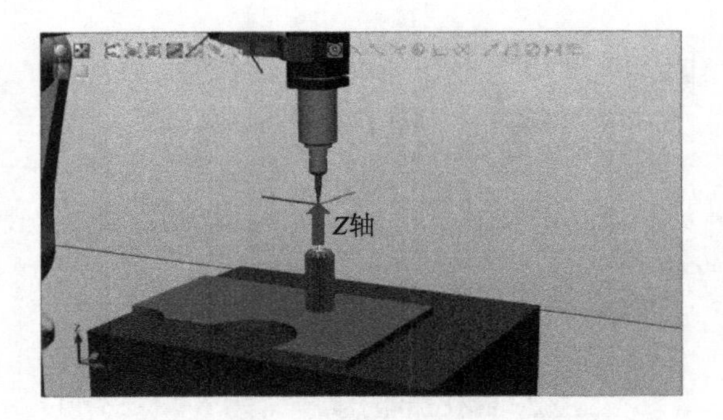

图 6-20　沿 Z 轴正方向移动一定的距离

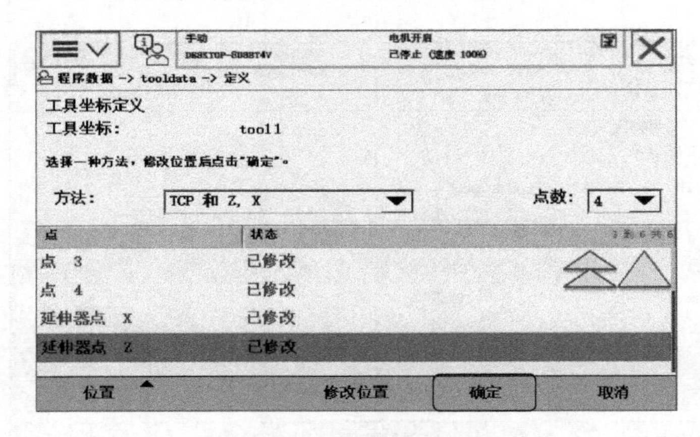

图 6-21　修改位置后界面

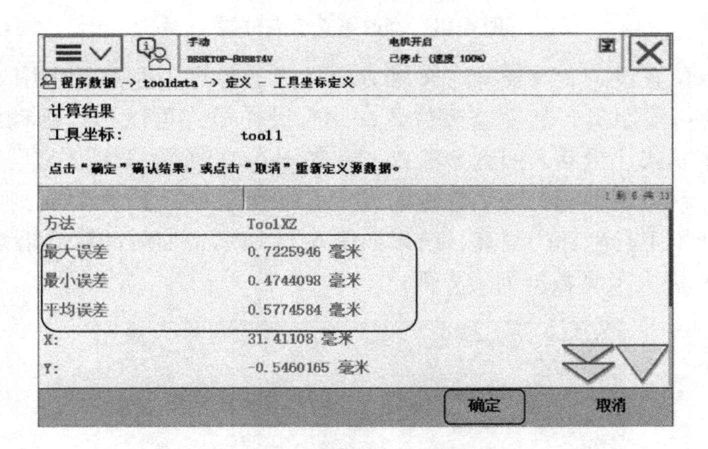

图 6-22　工具坐标定义计算结果

三、更改工具数据中其他参数

假定 tool1 工具的质量为 1 kg，重心位置坐标相对于默认工具 tool0 坐标系的偏移量为（-112，0，150），单位为 mm。在图 6-23 工具列表中，选中生成的新工具 tool1，单击“编辑”按钮后选择“更改值”，进入如图 6-24 所示界面按要求修改质量、重心

位置参数后单击“确定”，就完成了工具数据的基本设置，回到了如图 6-25 所示手动操纵界面。

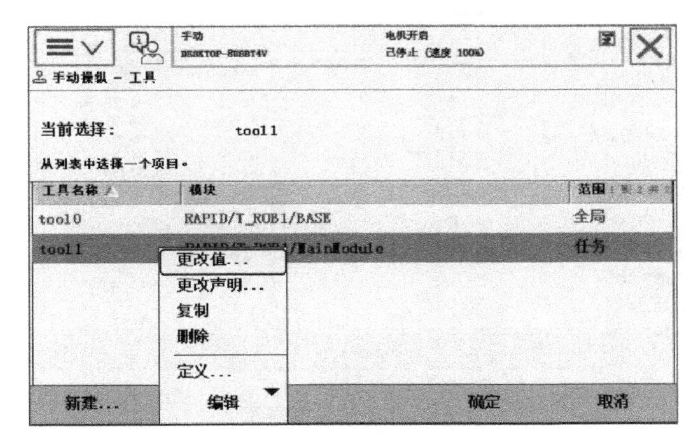

图 6-23　手动操纵 - 工具界面

工具坐标系（Tool Center Point Frame，TCPE）将工具中心点设为零位。它会由此定义工具的位置和方向。执行程序时，机器人就是将 TCP 移至编程位置。这意味着，如果要更改工具（工具坐标系），机器人的移动将随之更改，以更新的 TCP 到达目标。所有机器人在手腕处都有一个预定义工具坐标系，该坐标系被称为 tool0。这样就能将一个或多个新工具坐标系定义为 tool0 的偏移值。如果已有工具的测量值，或出于某些原因想手动测量数值，则将这些数值直接输入工具数据中即可。

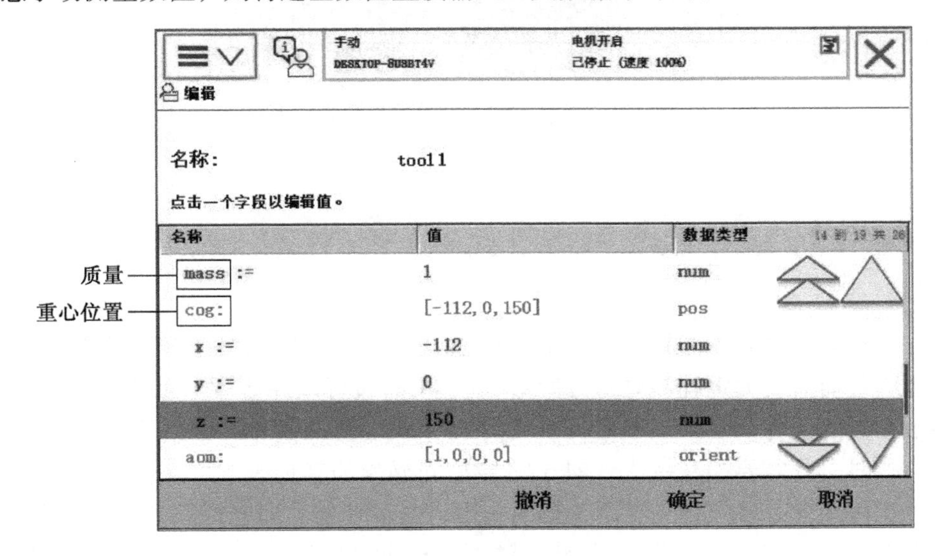

图 6-24　手动操纵 - 工具界面

四、验证工具数据设定效果

在如图 6-25 所示界面中，把动作模式设置成“重定位”，然后操纵示教器摇杆，调整姿态，如果机器人各轴动作，工具中心点指向位置没有明显偏移，就说明工具数据设定比较成功。手动重定运动验证效果如图 6-26 所示。

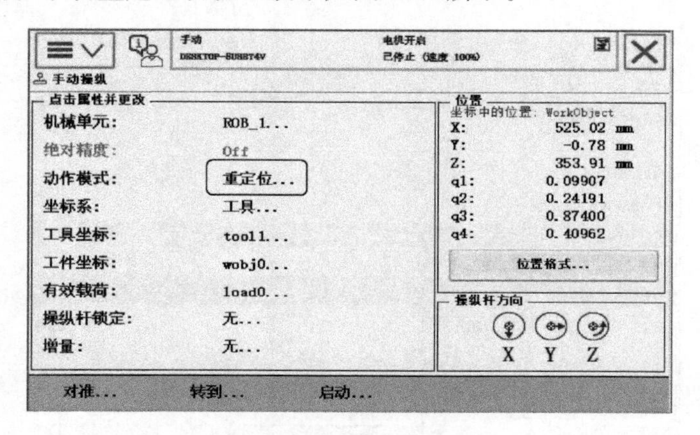

图 6-25　手动操纵界面

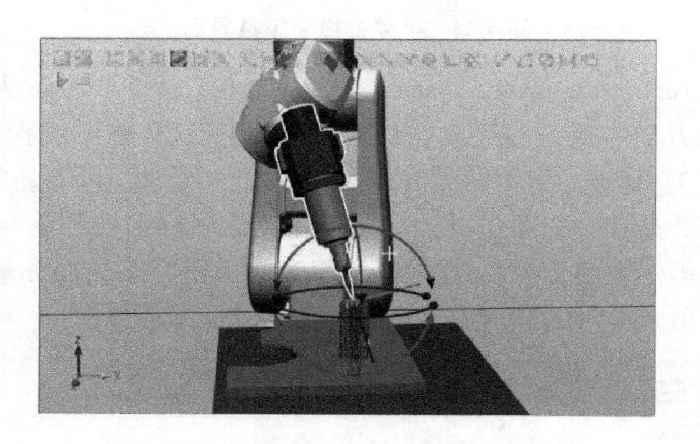

图 6-26　手动重定位运动验证设定效果

任务三　工件坐标的设定

工件坐标系是拥有特定附加属性的坐标系，主要用于简化编程（因置换特定任务和工件进程等而需要编辑程序时）。简单来说，机器人可以拥有多个工件坐标系，可以用来表示不同的工件，也可以表示同一工件在不同位置的副本。当每个工件所需的运动轨迹一致时，只需要编程一次，对于需要相同操作的其他副本，只要修改工件坐标系即可。工件坐标系必须定义于两个框架：用户框架（与大地坐标系、基座标系相关）和工件框架（与用户框架相关）。创建工件可用于简化对工件表面的微动控制。使用夹具时，有效载荷是一个重要因素。为了尽可能精确地定位和操纵工件，必须考虑工件重量。

定义工件意味着向机器人指出工件所在位置。共需定义三个位置，两个位于 X 轴上，一个位于 Y 轴上。定义工件时可以使用用户框架或工件框架，或者两者同时使用。用户选择框架与工件框架通常是重合的。如果不一致，工件框架将偏移于用户框架。

一、用户框架的定义

如图 6-27 所示，用户框架的 X 轴通过点 X_1、X_2，Y 轴通过 Y_1，也就是说，我们只需要操纵机器人，让其 TCP 分别到达这 3 个点，然后依次修改位置来记录位置数据，机器人系统就可以据此创建用户框架。

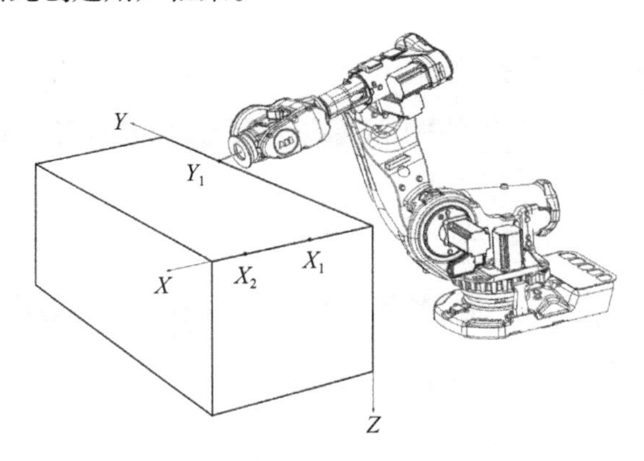

图 6-27　用户框架的定义

在这里选择工作站布局中的小桌（工作台）桌面为用户框架的 XY 平面，小桌的桌角为坐标原点，具体点位选择可以参考操作过程中的示意图。通过示教器创建用户框架的操作过程如下：

（1）创建新的工件数据模板

单击 ABB 功能键→进入“手动操纵”→单击“工件坐标”→单击“新建”，打开如图 6-28 所示的工件数据（wobjdata）“新数据声明”界面，完成相关属性调整（在这里选择默认值即可）设定后，单击“确定”按钮，就完成了工件数据模板的创建。

新数据声明
数据类型：wobjdata　　当前任务：T_ROB1

名称：	wobj1
范围：	任务
存储类型：	可变量
任务：	T_ROB1
模块：	MainModule
例行程序：	<无>
维数	<无>

初始值　确定　取消

图 6-28　创建工件数据模板

（2）工件坐标的定义

在工件数据列表界面中选中刚刚创建的“wobj1”，打开编辑菜单，如图 6-29 所示选择“定义”，如图 6-30 所示将“用户方法”设定为“3 点”。

需要说明的是，界面中有两个设定项目：“用户方法”和“目标方法”。选择“用户方法”就意味着工件坐标的创建依赖于“用户框架”，选择“目标方法”就意味着工件坐标的创建依赖于“工件框架”。选择一项只需要确定 3 个点即可，选择两项则需要分别确定两组点位，每组 3 个点。

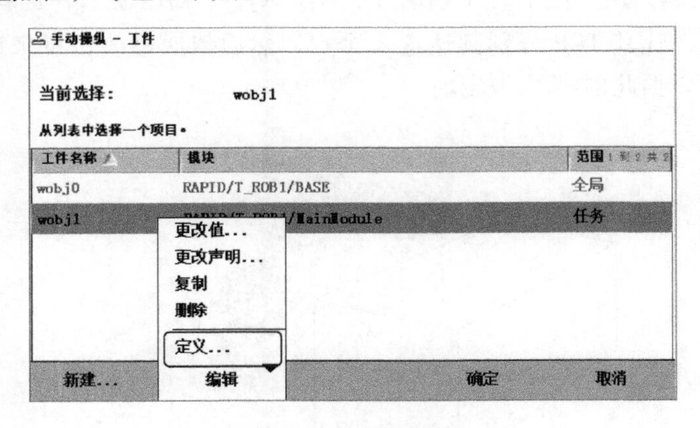

图 6-29　工件数据列表

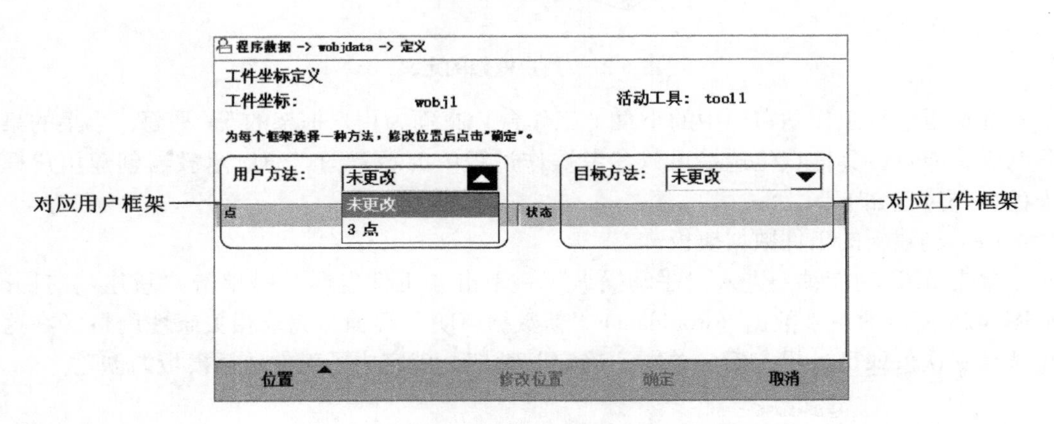

图 6-30　工件坐标定义界面

手动操纵机器人移动图 6-31 所示位置，确定为点 X_1 的位置，如图 6-32 修改位置，保存位置数据；然后依次按图 6-33、图 6-34 所示确定其他用户点。

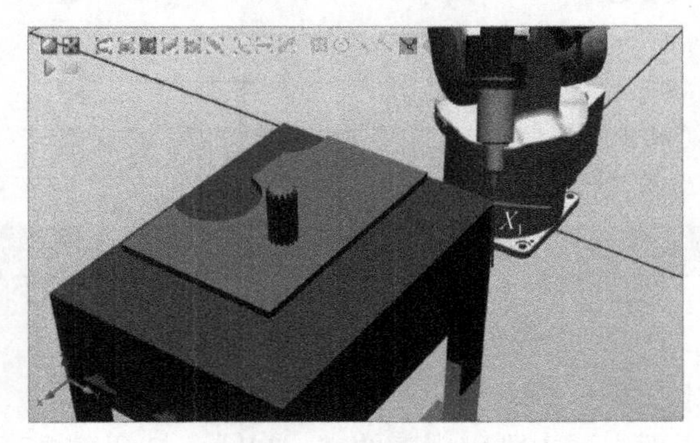

图 6-31　确定用户点 X_1

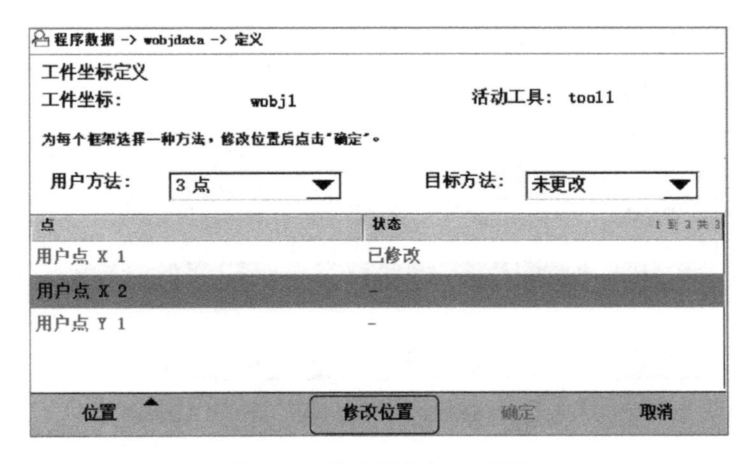

图 6-32　修改用户点 X_1 位置

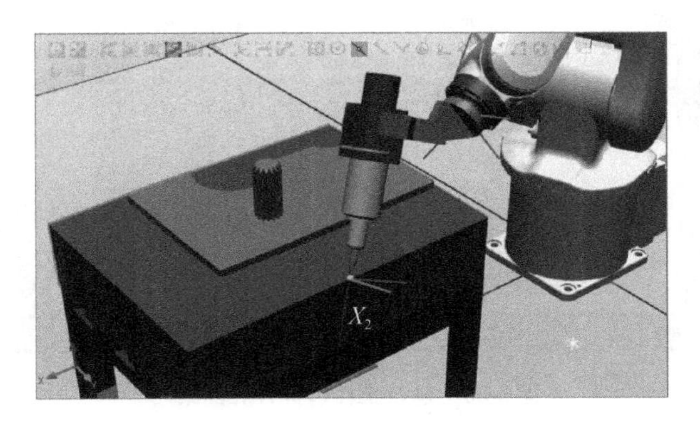

图 6-33　确定用户点 X_2

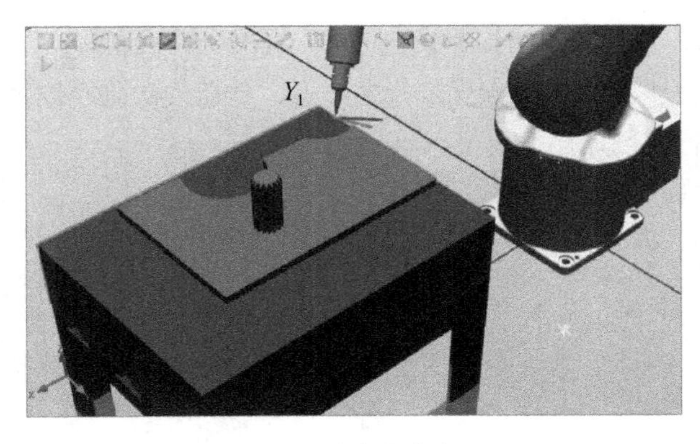

图 6-34　确定用户点 Y_1

确保 3 个位置都改完毕后，如图 6-35 所示，单击“确定”进入如图 6-36 所示界面完成结果确认。

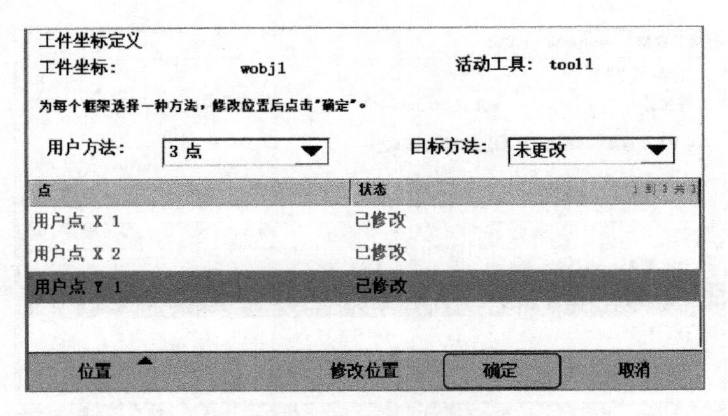

图 6-35　单击“确定”按钮

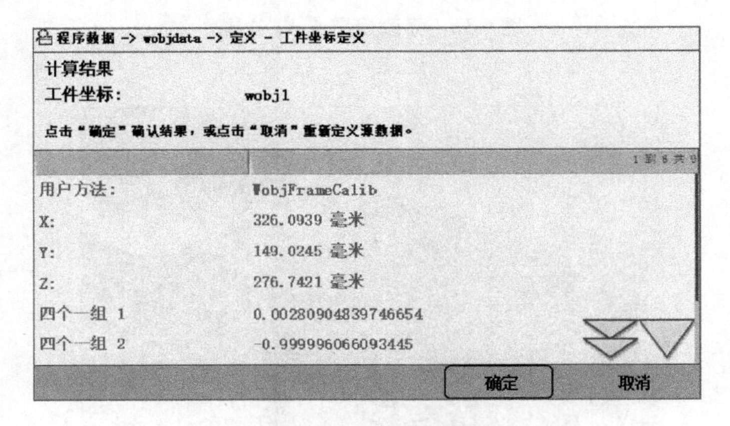

图 6-36　确认工件坐标计算结果

二、工件框架的定义

如图 6-37 所示，工件框架的 X 轴将通过点 X_1、X_2，Y 轴通过 Y_1，也就是说，我们只需要操纵机器人，让其 TCP 分别到达这三个点，然后依次修改位置来记录位置数据，机器人系统就可以据此创建用户框架。

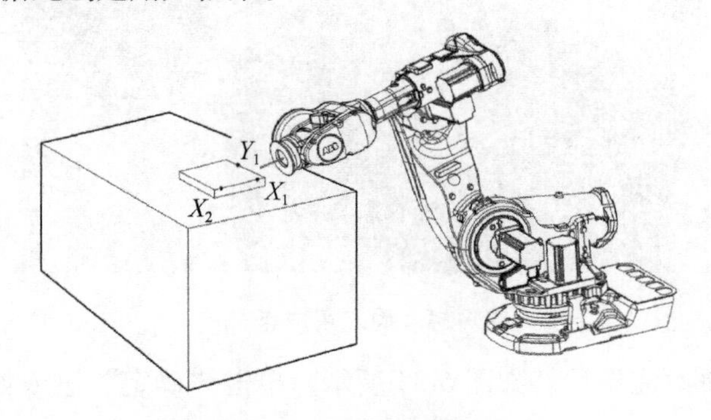

图 6-37　工件框架的定义

具体操作过程与用户框架操作类似，不同的是需要在如图 6-30 所示界面中选择

“目标方法”中的“3点”，然后在工作站布局的曲线形构造物上，参照图6-37中示意，选择合适的点位，修改位置。整个过程与用户框架操作流程完全一致。

三、验证工件坐标设定效果

依照前面操作完成工件数据设定后，可参照图6-38界面中参数的设置，设定为：动作模式“线性”、坐标系“工件坐标”、工具坐标“tool1”、工件坐标为刚定义的“wobj1”。然后，使用示教器摇杆操作机器人移动，以体验机器人在如图6-39所示的工件坐标系中线性运动的效果。

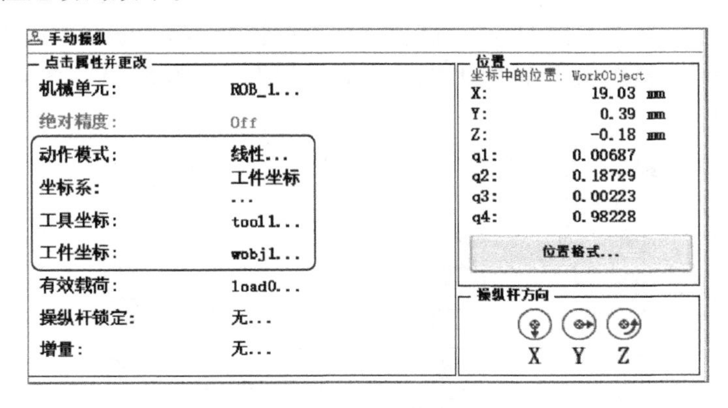

图6-38　手动操作模式设定

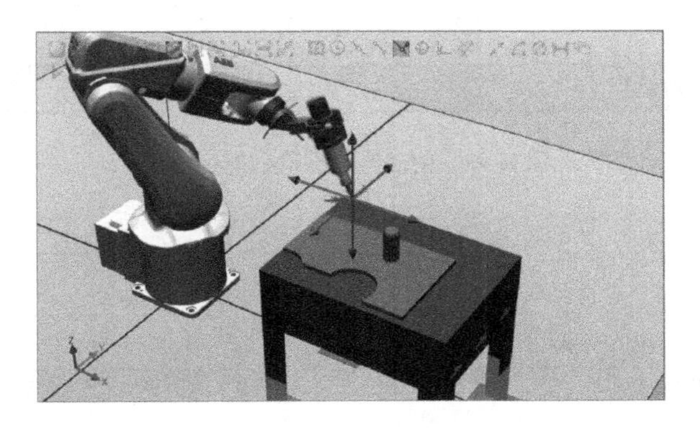

图6-39　工件坐标系中运动效果

任务四　有效载荷的设定

有效载荷loaddata数据用于描述附于机械臂机械界面（机械臂安装法兰）的负载。负载数据常常定义机械臂的有效负载或支配负载，即机械臂夹具所施加的负载。同时将loaddata作为工具数据tooldata的组成部分，以描述工具负载。简单地说，一般情况下机器人加载的工具不需要夹持其他工件时（如切割和焊接工具），载荷数据只需要在工件数据定义的时候顺便设置就可以，如需要夹持工件时（如气爪、气动吸盘），除了需要正确设定夹具的 tooldata 数据外，还需要为夹持、搬运的对象设定质量、重心、转矩等有效载荷数据 loaddata 参数。负载数据定义不正确可能会导致机械臂机械结构过载。

一、创建有效载荷数据模板

在示教器界面中单击 ABB 功能键→进入“手动操纵”→单击“有效载荷”→单击“新建”打开如图 6-41 所示的有效载荷数据（loaddata）“新数据声明”界面，完成相关属性调整（在这里选择默认值即可）设定后，单击“确定”按钮，就完成了有效载荷数据模板的创建，各个参数的输入可以在载荷数据列表中通过编辑菜单的“更改值”选项来设定，也可直接单击界面中的“初始值”按钮（见图 6-40）直接进入参数输入界面（见图 6-41）。

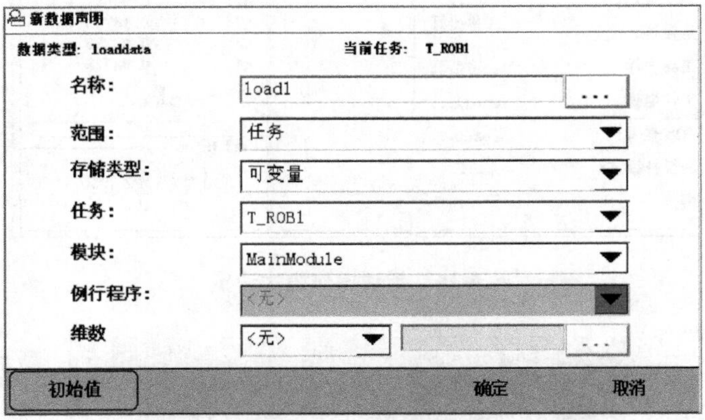

图 6-40　创建有效载荷数据模板

名称	值	数据类型
load1:	[0, [0, 0, 0], [1, 0, 0, 0], ...	loaddata
mass :=	0	num
cog:	[0, 0, 0]	pos
x :=	0	num
y :=	0	num
z :=	0	num

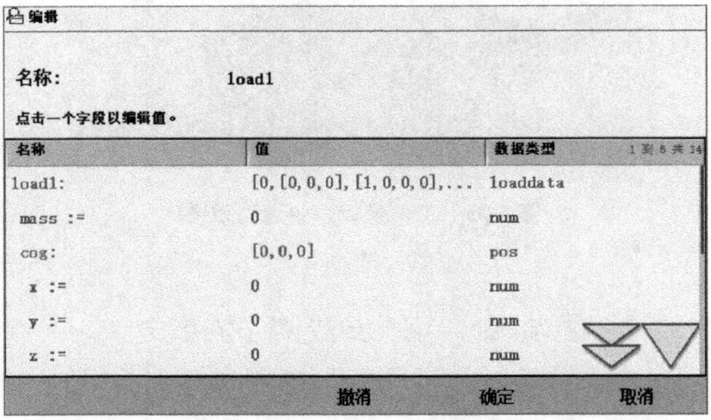

图 6-41　有效载荷数据参数编辑界面

二、有效荷载参数输入

在如图 6-41 所示的编辑界面中需要输入以下数据参数：

（1）mass

数据类型：num。

含义：负载的质量，以 kg 计。

（2）cog（Center of Gravity）

数据类型：pos。

含义：负载重心，以 mm 计。

如果机械臂正夹持着工具，则用工具坐标系表示有效负载的重心；如果使用固定工具，则用机械臂所移动工件的坐标系来表示夹具所夹持有效负载的重心。

（3）aom（Axes of Moment）

数据类型：orient。

含义：矩轴的姿态。

存在始于 cog 的有效负载惯性矩的主轴。如果机械臂正夹持着工具，则用工具坐标系来表示矩轴。

（4）ix（Inertia x）

数据类型：num。

含义：力矩，X 轴负载的惯性矩，以 $kg \cdot m^2$ 计。

惯性矩的正确定义有益于合理利用路径规划器和轴控制器。所有等于 0 $kg \cdot m^2$ 的惯性矩 ix，iy 和 iz 均意指一个点质量。通常，仅当安装法兰距重心的距离小于负载的最大维度或尺寸（见图 6-42）时，方可定义惯性矩。

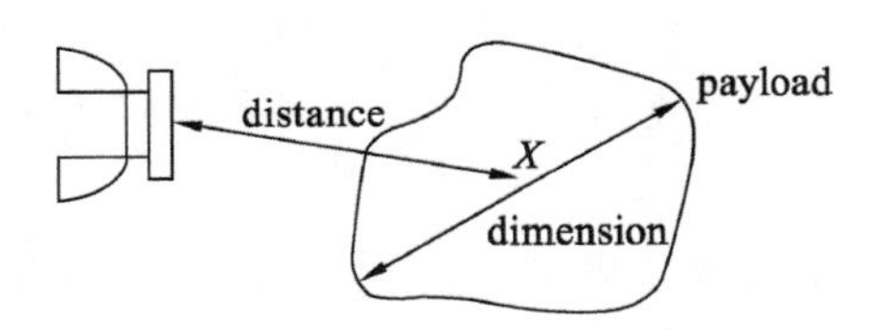

图 6-42　有效载荷数据参数编辑界面

（5）iy（Inertia y）

数据类型：num。

含义：Y 轴负载的惯性矩，以 $kg \cdot m^2$ 计。

（6）iz（Inertia z）

数据类型：num。

含义：Z 轴负载的惯性矩，以 $kg \cdot m^2$ 计。

有效载荷参数分为 4 组：质量、重心坐标（X，Y，Z）、矩轴姿态（4 元组法表示）、惯性矩（X，Y，Z 轴方向）。数据可以源于工件已有的测定数据，也可以利用 ABB 工业机器人自带的服务程序来自动测定。如何用服务程序自动测定有效载荷数据属于工业机器人中级技能范畴，在此不做赘述。

项目拓展

工业机器人与结构化程序设计

结构化程序设计思想是艾兹格·W. 迪科斯彻（E. W. Dijkstra）于1965年提出的，是软件发展的一个重要的里程碑。它的主要观点是采用自顶向下、逐步求精的程序设计方法；使用三种基本控制结构构造程序，任何程序都可由顺序、选择、循环三种基本控制结构构造；以模块化设计为中心，将待开发的软件系统划分为若干个相互独立的模块，这样使完成每一个模块的工作变单纯而明确，为设计一些较大的软件打下了良好的基础。

一、结构化程序设计基本原则

1. 自顶向下

程序设计时，应先考虑总体，后考虑细节；先考虑全局目标，后考虑局部目标。不要一开始就过多追求众多的细节，先从最上层总目标开始设计，逐步使问题具体化。

2. 逐步细化

对复杂问题，应设计一些子目标作为过渡，逐步细化。

3. 模块化设计

一个复杂问题，肯定是由若干稍简单的问题构成。模块化是把程序要解决的总目标分解为子目标，再进一步分解为具体的小目标，把每一个小目标称为一个模块。

4. 限制使用goto语句

结构化程序设计方法的起源来自对goto语句的认识和争论。作为争论的结论，1974年Knuth发表了令人信服的总结，并证实了：

（1）goto语句确实有害，应当尽量避免；

（2）完全避免使用goto语句也并非明智的方法，有些地方使用goto语句，会使程序流程更清楚、效率更高；

（3）争论的焦点不应该放在是否取消goto语句上，而应该放在用什么样的程序结构上。其中最关键的是，应在以提高程序清晰性为目标的结构化方法中限制使用goto语句。

二、结构化程序设计的基本结构

1. 顺序结构

顺序结构表示程序中的各操作是按照它们出现的先后顺序执行的，其流程图如图6-43 a所示。

2. 选择结构

选择结构表示程序的处理步骤出现了分支，它需要根据某一特定的条件选择其中的一个分支执行，其流程图如图6-43 b所示。选择结构有单选择、双选择和多选择3种形式。

3. 循环结构

循环结构表示程序反复执行某个或某些操作，直到某条件为假(或为真)时才可终止循环，其流程图如图6-43 c所示。在循环结构中最主要的是：什么情况下执行循环？哪些操作需要循环执行？循环结构的基本形式有两种：当型循环和直到型循环。当型循环：表示先判断条件，当满足给定的条件时执行循环体，并且在循环终端处流程自动返回到循环入口；如果条件不满足，则退出循环体直接到达流程出口处。因为是“当条件满足时执行循环”，即先判断后执行，所以称为当型循环。

直到型循环：表示从结构入口处直接执行循环体，在循环终端处判断条件，如果条件不满足，返回入口处继续执行循环体，直到条件为真时再退出循环到达流程出口处，是先执行后判断。因为是“直到条件为真时为止”，所以称为直到型循环。

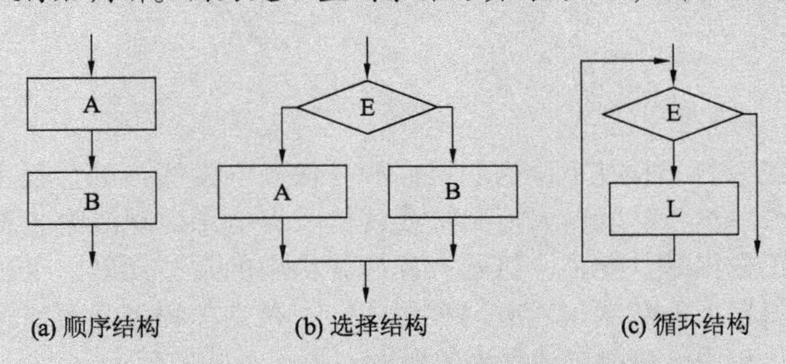

图6-43　三种基本结构流程图

结构化程序设计特点

结构化程序中的任意基本结构都具有唯一入口和唯一出口，并且程序不会出现死循环。在程序的静态形式与动态执行流程之间具有良好的对应关系。

1. 优点

由于模块相互独立，因此在设计其中一个模块时，不会受到其他模块的牵连，因而可将原来较为复杂的问题化简为一系列简单模块的设计。因为可以充分利用现有的模块做积木式的扩展，所以模块的独立性还为扩充已有的系统、建立新系统带来了不少的方便。按照结构化程序设计的观点，任何算法功能都可以通过由程序模块组成的3种基本程序结构的组合：顺序结构、选择结构和循环结构来实现。

结构化程序设计的基本思想是采用“自顶向下，逐步求精”的程序设计方法和“单入口单出口”的控制结构。据此就很容易编写出结构良好、易于调试的程序来。

(1) 整体思路清楚，目标明确。

(2) 设计工作中阶段性非常强，有利于系统开发的总体管理和控制。

(3) 在系统分析时可以诊断出原系统中存在的问题和结构上的缺陷。

2. 缺点

(1) 用户要求难以在系统分析阶段准确定义，致使系统在交付使用时产生许多问题。

(2) 用系统开发每个阶段的成果来进行控制，不能适应事物变化的要求。

(3) 系统的开发周期长。

三、工业机器人的结构化编程

结构化程序设计思路虽然对当下大型化、复杂化的通用软件编程领域有着周期长、不够灵活等不适应大型软件编程需要的缺陷，但是这些问题对于工业机器人编程完全不存在。工业机器人的程序设计要求与结构化设计思路完全吻合，本身体量不大，而且核心要求就是模块化和面向过程。模块化有利于机器人系统功能扩充，增加的已有模块的复用性，面向过程便于工业机器人对工作过程的精确控制，减少冗余指令，利于提高系统工作效率。目前，结构化的编程思路已成为当前工业机器人程序设计的主流。

（注：部分素材源于百度词条）

项目小结

ABB 机器人的程序结构从上层到底层一般为任务→模块→例行程序→指令。对于例行程序可以看作一组指示机器人控制机或其他具有信息处理能力装置执行动作或做出判断的指令，而数据是贯穿整个机器人程序架构中的重要元素，可以被定义为被程序处理的信息。机器人的数据创建有两种形式，一种是在程序编写前预先创建，一种是在添加指令的过程中生成相应的程序数据。

工具数据是工业机器人最重要的程序数据之一，需要在编程操作前做出正确定义。工具数据包含了对安装在机器人末端关节轴上的工具的中心点（TCP）、质量、中心、姿态等参数的描述或声明。机器人系统的工具因应用不同而变化，不同的工具就对应着不同的工具数据。在未完成工具数据定义前，系统默认的工具 TCP 为机器人末端关节轴法兰中心点。

工具坐标定义有三种方法可以选择：

(1) TCP（默认方向）。只计算 TCP 点位置坐标，方向与默认工具坐标 tool0 一致。

(2) TCP 和 *Z*。需要计算新坐标原点，也就是 TCP 位置坐标和 Z 轴方向。

(3) TCP 和 *Z*，*X*。需要计算的坐标原点，新工具坐标系的方向通过同时改变 *Z* 和 *X* 轴方向获得。

机器人可以拥有多个工件坐标系，可以用来表示不同的工件，也可以表示同一工件在不同位置的副本。当每个工件所需的运动轨迹一致时，只需要编程一次，对于需要相同操作的其他副本，只要修改工件坐标系即可。创建工件可用于简化对工件表面的微动控制。使用夹具时，有效载荷是一个重要因素。为了尽可能精确地定位和操纵工件，必须考虑工件重量。

有效载荷 loaddata 数据用于描述附于机械臂机械界面（机械臂安装法兰）的负载。负载数据常常定义机械臂的有效负载或支配负载，即机械臂夹具所施加的负载。同时将 loaddata 作为工具数据 tooldata 的组成部分，以描述工具负载。

工业机器人程序数据的定义可以通过示教器完成，也可以通过仿真平台离线创建后，同步到机器人工作站即可完成。

思考与练习

1. 根据项目中所给要求，在仿真平台上完成工具数据的创建，要求使用TCP和Z，X方法定义工具TCP、质量、中心位置，然后通过手动重定位运动验证设置效果。

2. 参考项目给定要求，在仿真平台上完成工件坐标定义。要求以工作台为参考，使用用户模式3点法完成工件框架的定义后，在工件坐标系中用手动线性运动来验证。

3. 在仿真平台上创建有效荷载数据模板，指明mass，cog，aom，ix等参数的具体含义。

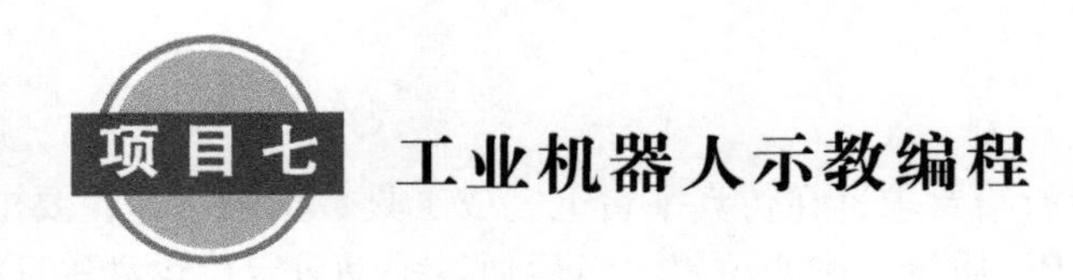

项目要求

1. 熟悉 RAPID 语言程序结构并熟练掌握创建方法；
2. 熟悉 PAPID 语言编程的一般流程；
3. 掌握 RAPID 程序编辑方法，熟练掌握机器人编程的常用指令；
4. 熟练掌握 RAPID 程序的调试运行方法。

任务一　RAPID 程序结构及创建

ABB 工业机器人的编程可以采用两种方式：离线编程和在线编程。一般离线编程是在 ABB 配套的仿真软件 RobotStudio 环境下完成的，离线编程适合复杂程序的编写。在线编程操作一般在示教器（FlexPendant）上完成，适用于比较简单的机器人工作的编程实现或是程序修改。无论是离线编程还是在线编程，对于 ABB 机器人而言都是借助于其专属编程语言 RAPID 工具来实现的，RAPID 语言采用的编程语法类似于 C 语言，属于结构化编程语言范畴，程序可读性强，界面比较友好。如具备一定的 C 语言基础，上手会更容易。

一、RAPID 语言程序结构

如图 7-1 所示，机器人程序由编程模块和系统模块组成。其中编程模块由各种数据和例行程序构成。每个模块或整个程序都可复制到磁盘和内存盘等设备中，反之也可从这些设备中复制出去。系统模块用来定义常见的系统专用数据和程序，如工具等，系统模块不会随程序一同保存，也就是说，对系统模块的任何更新都会影响程序内存中当前所有的或随后会载入其中的所有程序。

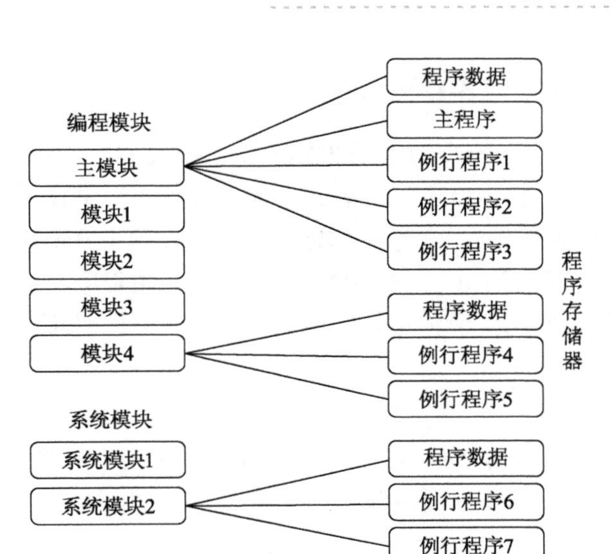

图 7-1 RAPID 语言程序结构

如图 7-1 所示，在单任务系统的所有的编程模块中，有且仅有 1 个主模块；在构成各个编程模块的所有例行程序中，有且仅有 1 个主例行程序，简称主程序。主程序中包含所有需要执行的完成各分项任务的指令、例行程序调用的逻辑顺序。

1. 程序文件的结构

名称已定的程序文件中包含所有编程模块。将程序保存到外存或大容量内存上时，会生成一个新的以该程序名称命名的文件夹。所有程序模块都保存在该文件夹中，对应文件扩展名为“. mod”。另外，随之一起存入该文件夹的还有同样以程序名称命名的相关使用说明文件，扩展名为“. pgf”。该使用说明文件包括程序中所含的所有模块的一份列表。

2. 例行程序（子程序）

例行程序可简称为程序（子程序），分为无返回值程序、有返回值程序和软中断程序这三类。

① 无返回值程序不会返回数值，可在指令中被调用；

② 有返回值程序会返回一个特定类型的数值，该类型程序用于表达式中调用；

③ 软中断程序提供了一种中断应对方式。一个软中断程序只对应一次特定中断，一旦发生中断，则将自动执行对应软中断程序，软中断程序不能从程序中直接调用。

3. 程序的范围及适用规则

一般来讲，程序的范围是指可获得（调用）程序的区域。除程序声明为局部程序（在模块内）外的所有例行程序都为全局程序。程序适用的范围规则如下：

① 全局程序的范围可包括任务中的所有模块；

② 局部程序的范围局限于其所处模块；

③ 在所属范围内，局部程序会隐藏名称相同的所有全局程序或数据；

④ 在所属范围内，程序会隐藏名称相同的所有指令、预定义程序和预定义数据。

二、创建简单机器人程序框架结构示例

拟创建一个只包括一个编程模块的程序框架，因只有一个模块名为 mainModule，所以该模块即为主模块。程序模块 mainModule 由主（例行）程序 main( )、使机器人回等待位的（例行）程序 rHome( )、系统初始化（例行）程序 rInitAll( )、机器人运动轨迹控制（例行）程序 rMoveRoutin( )4 个例行程序构成，主程序 main 中包含所有需要执行的程序逻辑。上述任务主要借助示教器的“程序编辑器”功能模块实现。具体操作过程如下：

1. 创建编程模块

首先单击示教器 ABB 功能键→选择“程序编辑器”→单击“文件”进入图 7-2 界面→“新建模块”进入图 7-3 界面→选择“是”。

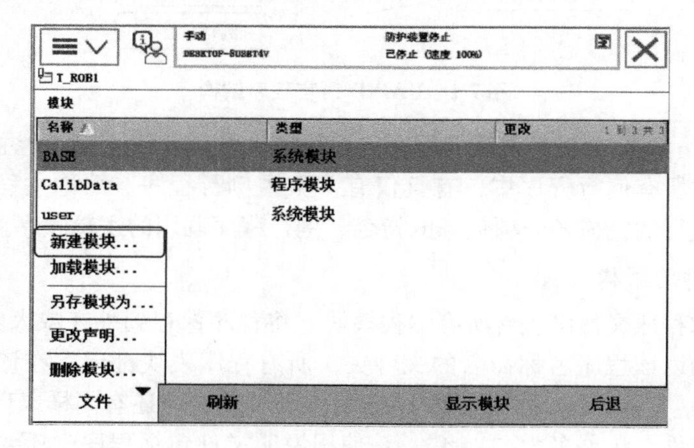

图 7-2　程序编辑器界面

在图 7-2 的文件菜单列表中，除“新建模块”对应新建功能外，“加载模块”选项对应着载入已有模块功能、“另存模块为”对应着模块另存备份功能、“更改声明”对应着更改已有模块名称和类型属性的功能、“删除模块”对应着删除内存中无用模块的功能。

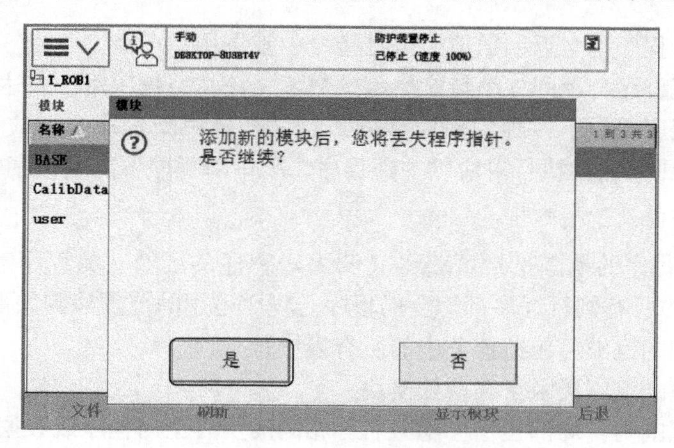

图 7-3　进入创建新模块界面

进入新模块定义界面后参照图 7-4 进行参数设置。模块名称为“mainMoudle”，类型为“Program”（编程模块），如选择“System”就代表模块类型为系统模块，设置完成后单击“确定”按钮就完成空编程模块的创建。

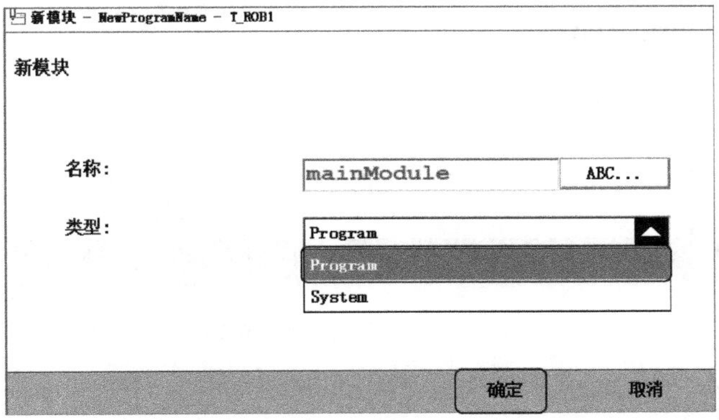

图 7-4　完成模块属性定义

2. 例行程序的创建

在这里根据任务需要建立 4 个例行程序，创建过程基本一致，因此只演示例行程序 main( )的创建过程。

在完成图 7-4 操作后系统进入程序编辑器界面，界面中如图 7-5 所示会显示本系统中所有已定义的模块，包括刚创建的编程模块 mainMoudle。选中 mainMoudle 模块，单击“显示模块”按钮，进入 mainMoudle 模块内部。如图 7-6 所示，单击“例行程序”进入例行程序编辑界面。在如图 7-7 所示界面中单击“文件”按钮进入编辑菜单，然后选择“新建例行程序”进入图 7-8 所示例行程序声明设置界面，参照图中指示设定名称为“main”，类型为“程序”，所属模块为“mainMoudle”。完成设定后单击“确定”按钮就完成了例行程序 main( )的创建。需要说明的是，界面中的程序类型单击下拉按键会有 3 种选项：程序、中断、功能（函数），对应着例行程序的三种类型。

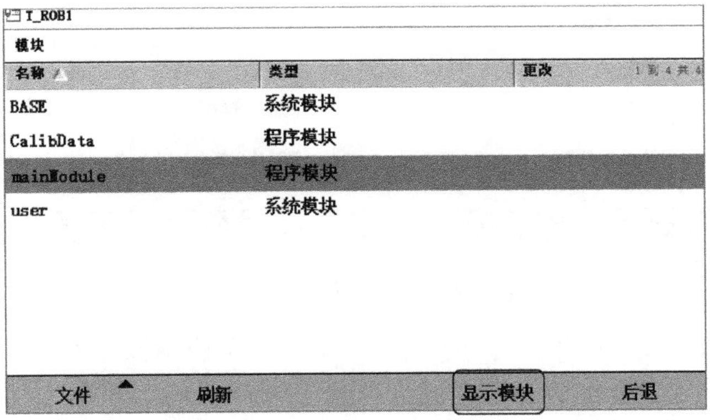

图 7-5　显示 mainMoudule 模块

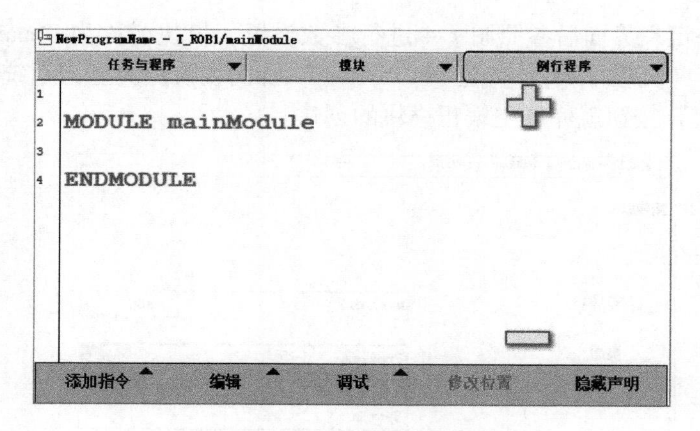

图 7-6　进入“例行程序界面”

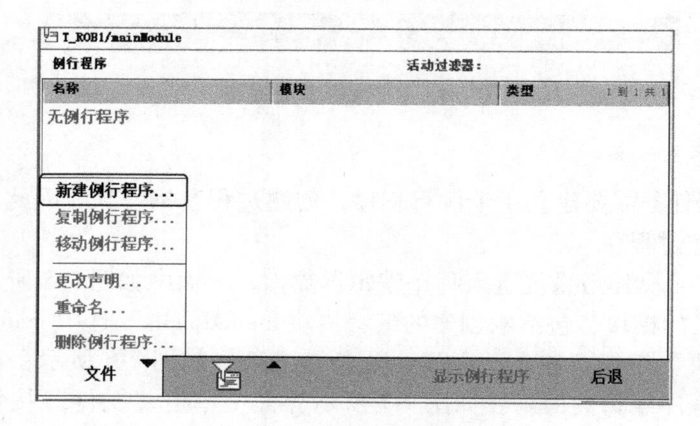

新例行程序 - NewProgramName - T_ROB1/mainModule
例行程序声明
名称：　main　ABC...
类型：　程序
参数：　无　...
数据类型：　num　...
模块：　mainModule
本地声明：　撤消处理程序：
错误处理程序：　向后处理程序：
结果...　确定　取消

图 7-8　例行程序声明界面

完成主程序 main()的创建后，按照图 7-6、图 7-7 所示操作方法，依次完成回工作等待区程序 rHome()、系统初始化（例行）程序 rInitAll()、机器人运动轨迹控制（例行）程序 rMoveRoutin()的创建。完成任务后得到如图 7-9 所示结果。

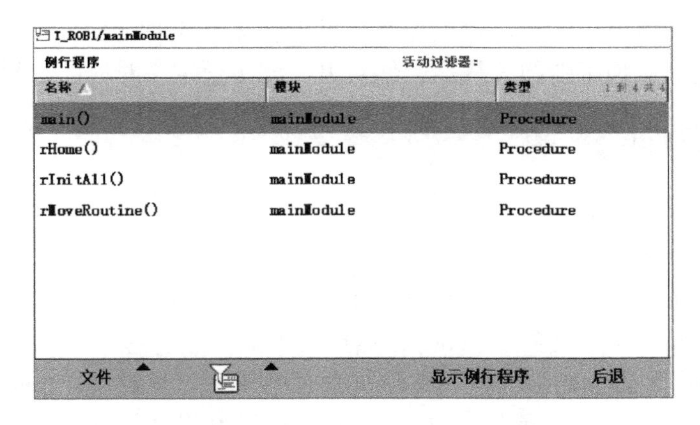

图 7-9　显示模块 mainMoudle 例行程序列表

任务二　RAPID 编程流程

工业机器人的应用程序的编写可以使用两种工具：示教器（FlexPendant）和离线编程软件（RobotStudio）。选择哪种工具的主要依据是所要实现的应用的复杂程度，如需编写复杂程序选择离线编程软件更容易实现；如需要编写简单应用程序或是对原有程序进行简单修改，则可以在示教器上实现。

编程流程主要分为三个环节：编程准备、程序的编辑处理和程序的运行。

一、编程准备

编程前准备工作主要包括以下三个部分：

1. 选择编程工具

根据程序的复杂程度选择示教器编程还是离线编程软件作为编程工具。

2. 定义工具、有效载荷和工件

工具、有效载荷和工件数据定义可以贯穿在整个编程过程，简单地讲，就是编程过程中可以随时根据需要进行编辑修改、增补删除，没有严格限制。但是，预先定义一些基本对象有助于提高工作效率、完善程序布局。预先定义使程序布局结构脉络清晰、编程工作条理清楚，避免了因逻辑混乱带来的错误和延误。

需要说明的是，工具负载及机器人工作中机械臂的有效负载的定义十分重要，负载数据定义偏差过大会有导致机器人机械臂的机械结构过载的风险。具体来说容易导致以下几种后果：定义值偏小会导致机械臂无法完全发挥作用，造成资源浪费；负载数据偏差会因无法正确补偿惯性运动偏差导致机器人臂运动路径准确性受损；超出机械臂承受机械的负载会使机器人因机械结构过载导致结构受损。

3. 定义坐标系

定义坐标系的目的是确保在机器人系统安装过程中正确设置基坐标系和大地坐

标系，同时也要确保根据需要设定正确的工具坐标系和工件坐标系。需要注意的是，只要在系统应用中添加了新的工具、工件对象，就必须定义对应的坐标系。

二、程序的编辑处理

1. 创建 RAPID 程序

创建新程序的操作步骤如下：

首先，在 ABB 菜单中，单击“程序编辑器”（Program Editor）→“任务与程序”（Tasks and Program）→“文件”（File）；然后，单击“新建程序”即可，如果已有程序加载，就会弹出警告对话框。在“文件”选项中单击“保存”（Save）可以实现已加载程序的保存，单击“不保存”（Don’t Save）可关闭已加载程序，单击“取消”（Cancel）使程序保持加载状态；最后，在新建的程序中继续按预期要求添加指令、例行程序或模块，完成创建新程序的最终操作。

2. 编辑程序

编辑程序的核心工作就是完成指令的处理过程，包括指令的添加、指令变元（参数）编辑两个环节。

（1）添加指令

首先，在 ABB 菜单中单击“程序编辑器”（Program Editor）；然后，在出现的界面中选择指令添加位置，被选中位置如图 7-10 所示，再单击“添加指令”（Add instruction），打开图 7-10 右侧所示指令选择栏，指令备选分为若干类别，默认类别是“Common”（常用），单击“Common”标题栏箭头打开指令分类选择下拉菜单，就可以看到该版本支持的所有指令类别，如图 7-11 所示显示当前系统总共有 20 类指令可供选择；最后，在指令列表中翻页查找并单击需要添加的指令。图 7-12 所示为选择了“MoveL”（直线运动指令）后的效果。

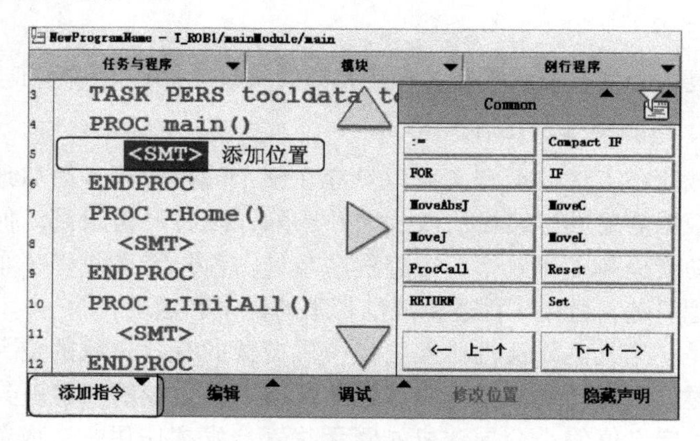

图 7-10　添加指令操作界面

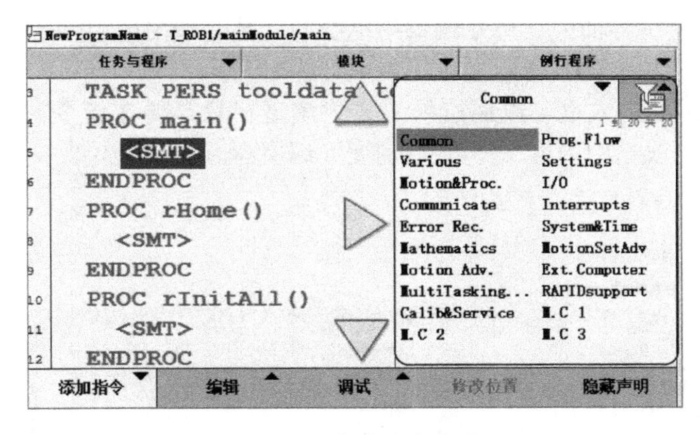

图 7-11　指令分类查看

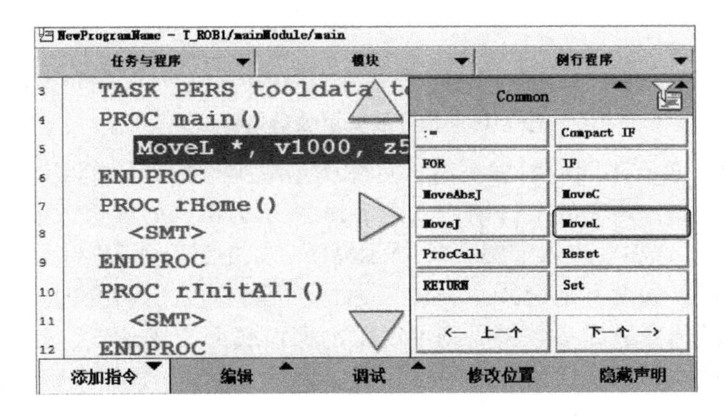

图 7-12　添加 MoveL 指令示例

（2）编辑指令变元（参数）

在程序编辑器选中要编辑的指令对象（以刚添加的直线运动指令为例），单击界面中的“编辑”按钮弹出如图 7-13 所示编辑菜单。菜单中显示了系统支持的对指令的所有编辑操作，包括指令及参数的剪切和复制粘贴、更改指令的运动模式、指令删除和备注、指令变元的修改等，其中指令的变元修改（更改）操作相对来讲比较复杂，需要重点说明。

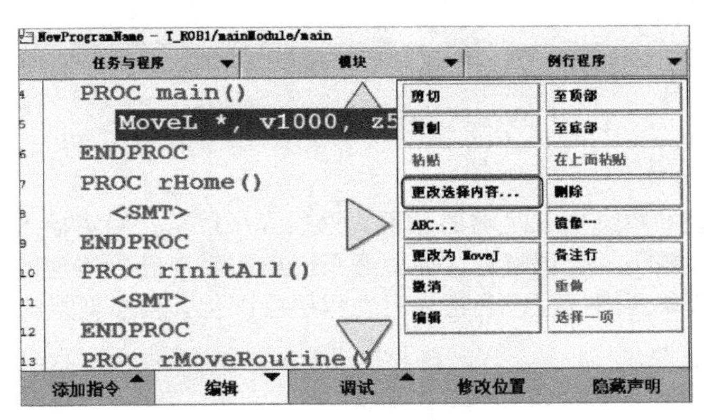

图 7-13　指令编辑界面

在如图 7-13 所示界面中，选中编辑菜单中的“更改选中内容...”，即可进入指令变元的编辑状态，如图 7-14 所示显示了 4 个可选变元。

变元编辑模式的进入也可以通过快捷方式实现：只需要在指令窗口直接双击指令就可自动启动“更改选中内容...”，启动变元编辑器。

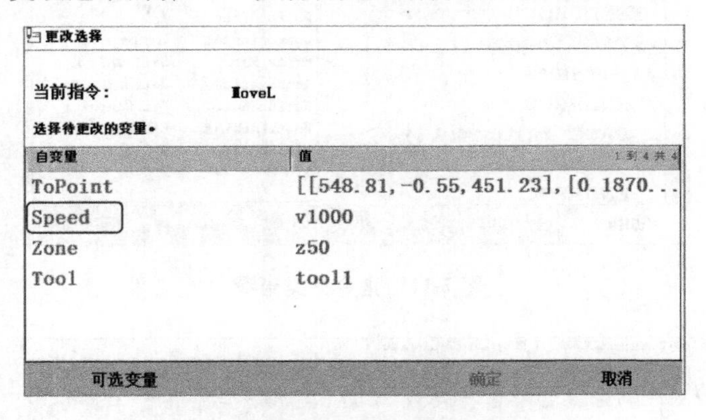

图 7-14　指令编辑更改选择界面

变元（参数）具有不同的数据类型，具体类型取决于指令的类型，变元的编辑可以利用软键盘来更改用作声明的字符串。以图 7-14 所示为例，如要修改变元“Speed”，则需要单击“Speed”选项，进入如图 7-15 所示界面。如主窗口列表中有所需的修改值，则可以直接选中即可；如没有则选择“新建”通过软键盘输入所需要的运动速度值；如运动速度值确定与其他变量或参数关联则可以单击窗口底部“表达式”按钮后，通过软键盘输入相应的表达式即可。切记修改完成后需要单击“确定”按钮来确认以保持更改。

更改选择
当前变量：　Speed
选择自变量值。　活动过滤器：
MoveL * , v1500 , z50 , tool1;
数据　功能
1 到 10 共 41
新建　v10
v100　v1000
v150　v1500
v20　v200
v2000　v2500
123...　表达式…　编辑　确定　取消

图 7-15　指令编辑更改选择界面

3. 优化程序结构

需要对要实现的系统应有足够的认识，理顺程序逻辑，确定输入、输出量，根据程序流程优化程序结构。合理配置，在做好系统应用需求分析的基础上，按照从整体到局部原则，从模块到例行程序到指令，动作层层细化。程序框架的创建参照本项目任务一。

4. 工具、工件、有效荷载等参数处理

在预定义的工具、工件、有效荷载数据的基础上，针对工具、工件的变化和调整随时进行修正，具体操作过程参考项目六中的相关内容。

5. 创建错误处理器

它对于简单应用程序不是必须选项，仅当程序比较复杂时，为了处理程序执行中可能发生的潜在错误而构建的处理机制。它类似于电路设计时预留的测试点，有益于提高程序调试过程中的查错、纠错效率。

6. 程序的测试调整

程序在完成编写投入生产前需要对程序进行验证测试。一般在手动模式下完成，手动模式主要用于简单编程和程序验证。在测试过程中需要反复执行“发现问题→分析问题→修改程序→运行验证”这一过程来解决问题，如有需要也可以分步执行，一步一验证。某些型号机器人的手动模式分为两种：手动减速模式和手动全速模式。手动模式下要激活机械臂电机，必须按下使能装置按钮。

（1）手动减速模式

在手动减速模式下，运动速度限制在250 mm/s下的同时，对每根轴的最大允许速度也有限制。这些轴的速度限制取决于具体的机器人，且不可修改。通常在手动减速模式下可以完成如下任务：

① 在紧急停止后恢复操作时将操纵器微调至原来的路径；

② 在程序运行出错后修正 I/O 信号的值；

③ 创建和编辑 RAPID 程序；

④ 在测试程序时，启动、逐步运行和停止程序；

⑤ 调整预设位置。

（2）手动全速模式

手动全速模式仅用于程序验证。通过限定速度为编程速度的3% ~100%可实现在手动全速模式下初始速度≤250 mm/s。手动全速模式下对 RAPID 程序的编辑操作和操纵器微动操作被禁用。通常在手动减速模式下可以完成如下任务：

① 程序运行及停止控制；

② 程序的单步执行控制；

③ 运动速度设置（0 ~100%）；

④ 程序指针的设定。

在手动全速模式下无法修改系统参数值和编辑系统数据。

三、程序的运行

在生产模式下程序的运行涉及两种操作：程序的启动和程序的停止。

1. 程序的启动

① 检查机器人和机器人单元的所有必要准备工作，如电源开关、电气接线、紧固件、安全围栏等设施的固定和连接是否完成，确保机器工作区域没有障碍物；

② 确保无任何人员进入机器人工作站工作范围；

③ 在机器人控制器上选择操作模式，分为手动（减速或全速）、自动操作模式；

④ 按下机器人控制面板的电机开启按钮启动机器人，进入运行待机状态；

⑤ 查看程序是否加载，如果已加载则进入下一步，如未加载程序则完成程序加载；

⑥ 如果有必要，可以使用示教器“快速设置”菜单选择程序运行模式和机器人臂运行速度；

⑦ 在自动模式中，直接按下示教器（FlexPendant）上程序控制区的“启动”（Start）按钮，在手动模式中，先选择启动模式，然后按住使能按钮，最后按下示教器程序控制区的“启动”（Start）按钮即可；

⑧ 查看示教器窗口是否出现“恢复请求”（Regain Request）对话框，如出现则选用适当方法以使机器人返回路径，如未显示对话框则机械执行先一步；

⑨ 如果示教器屏幕显示“光标与 PP 不一致”（Cursor does not coincide with PP）对话框，则单击“PP”（程序指针）或“光标”（Cursor）选择程序应启动的位置，然后再按“启动”（Start）按钮启动程序。

2. 程序的停止

① 停止程序时首先需要检查进行中的操作是否处于可中断状态；

② 确保可以安全地停止程序；

③ 最后按下控制设备硬件（示教器或控制柜）按钮中的“停止”（Stop）按钮完成操作。

需要注意的是，程序停止按钮不能替代急停按钮，出现紧急状态的时候，使用急停按钮，机器人系统会立即停止移动，而程序停止运行按钮会在完成当前指令后才真正停下动作，即很有可能无法立即终止破坏和伤害行为。

任务三　RAPID 常用编程指令（一）

RAPID 编程语言的指令系统比较复杂，从 RobotStudio 6.03 版起支持的指令总数超过 340 条，支持函数种类 200 余种，数据类型超过 100 种，而且其数量还随着系统版本升级在不断扩充中。复杂、完备的指令系统成为 ABB 机器人轻松应付各种机器人应用系统、解决方案编程的强大支持。要实现对机器人系统的简单编程，一般来讲需要掌握一定数量的常用指令。

编程过程中通过示教器完成指令添加的操作，参考本项目任务二中相应内容即可，在此不做赘述。RobotStudio 6.06 版软件系统示教器指令列表中的常用指令总计 17 个，可分为赋值指令、机器人运动指令、I/O 指令、条件逻辑判断指令、例行程序调用相关和延时指令等几种情况。

一、赋值指令

赋值指令用于向数据分配新值，该值可以是一个恒定值，也可以是一个算数表达式。

打开“程序编辑器”选择“添加指令”进入“Common”（常用）指令列明选中“:=”赋值指令就可得到如图 7-16 所示界面。

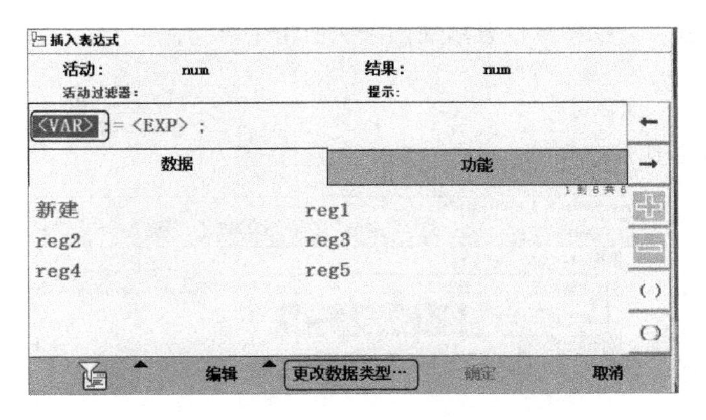

图 7-16　赋值指令设置界面 1

在图示位置点选“<VAR>”就进入变量表达式设置状态，变量可以在主窗口中选择预先创建好的变量（如“reg1”）或是选择新建添加新变量，通过单击窗口底部“更改数据类型…”可以在列表中选择需要的数据类型；在如图 7-17 所示位置点选“<EXP>”就可进入赋值表达式编辑状态，单击窗口底部“编辑”按钮，然后选择“仅限选定内容”选项就进入如图 7-18 所示软键盘界面，可以按照需要自由录入表达式或是恒定值，编辑完成后单击“确定”即可。

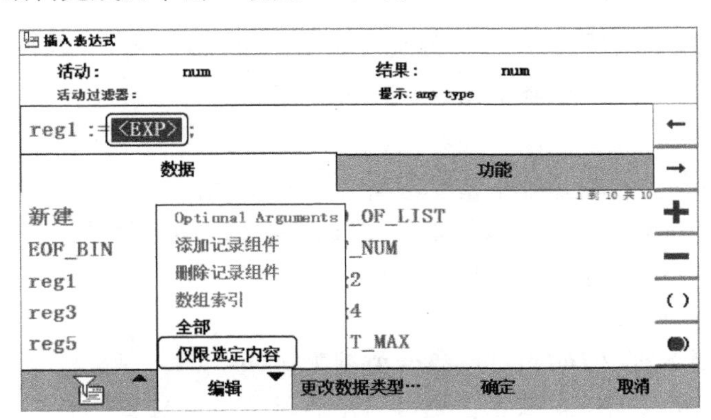

图 7-17　赋值指令设置界面 2

图 7-18　表达式编辑界面

参考上述过程可以在图示位置添加两条赋值指令语句：

reg1：=5；

reg2：=5 + reg1 * 5；

添加后效果如图 7-19 所示。

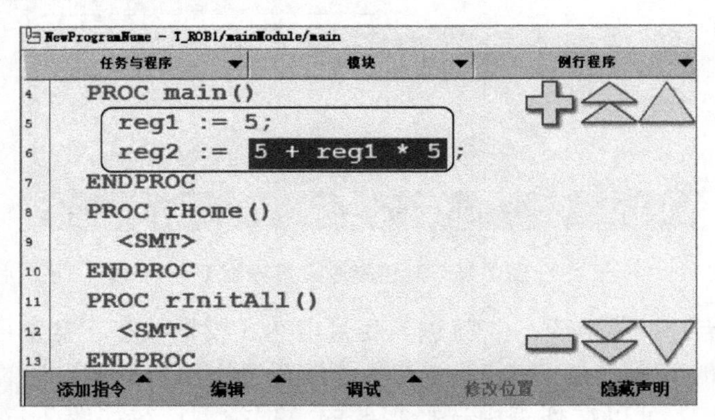

图 7-19　赋值指令示例

二、机器人运动指令

机器人的运动方式主要有 4 种，分别是关节运动（MoveJ）、线性运动（MoveL）、圆弧运动（MoveC）和绝对位置运动（MoveAbsJ）。

1. 关节运动指令

当机器人运动对路径轨迹要求精度不高时，MoveJ 指令可以将机械臂迅速地从一点移动至另一点，也就是说机械臂和外轴沿非线性路径运动至目的位置。此过程中机器人所有轴均同时达到目的位置（角度）。

MoveJ 指令的执行需要设置变元数据：

① 目标点位置数据（ToPoint）：数据类型为 robotarget，定义机器人和外部轴的目标点。可以是预先定义的位置数据，也可以是通过“修改位置”直接存储在指令中的数据。

②运动速度数数据：数据类型为 speeddata，速度数据用来规定工具中心点、工具方位调整和外轴的速率（mm/s）。

③ 转弯区域数据（Zone）：数据类型为 zonedata，用于描述机器人运动时所生产拐角路径的大小。Zone 参数用于规定指令中机械臂 TCP 的位置精度。角路径的长度以 mm 计，其替代区域数据中指定的相关区域。

④ 工具数据（Tool）：数据类型为 tooldata，表述移动机械臂时正在使用的工具。

⑤ 工件数据（Work Object）：数据类型为 wobjdata，表述指令中机器人位置管理的工件（坐标系）。可省略该参数，省略后位置与世界坐标系相关。另一方面，如果使用固定式 TCP 或协调的外轴，则必须指定该参数。

MoveJ 指令的示例如图 7-20 所示。

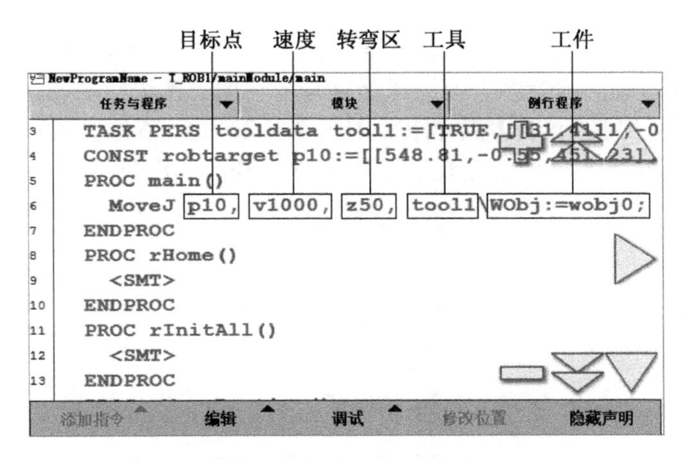

图 7-20　关节运动指令示例

2. 线性运动指令

线性运动指令 MoveL 用于将工具中心点沿直线移动至给定目的地。当 TCP 保持固定时，则该指令亦可用于调整工具方位。线性运动时机器人的 TCP 从起点到终点的路径轨迹始终保持直线。线性运动指令对于目标点数据、速度、转弯区数据及工具与工件数据等变元的定义及描述与关节移动的相应内容完全一致。

MoveJ 指令的示例如图 7-21 所示。

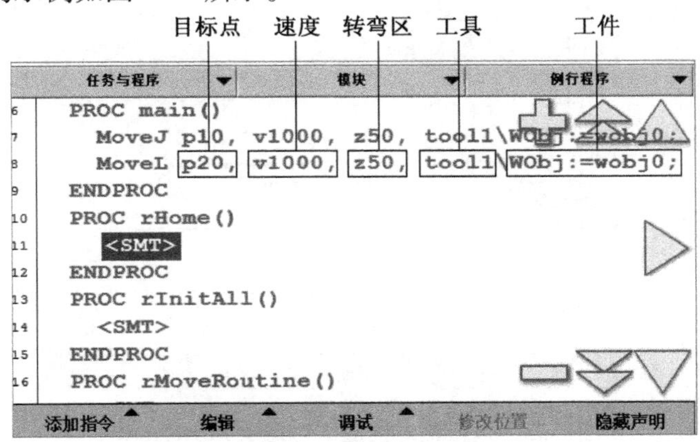

图 7-21　线性运动指令示例

3. 圆弧运动指令

MoveC 用于将工具中心点（TCP）沿圆周移动至给定目的地。以圆弧轨迹移动期间，工具的方位通常保持相对不变。圆弧路径是在机器人可到达的空间范围内定义 3 个位置，分别是起点、途经点、终点。调整其中途经点的位置可以改变所走圆弧的曲率。

例如，有如下指令语句：

MoveL p1,v500,fine,tool1;

MoveC p2,p3,v500,z20,tool1;

MoveC p4,p1,v500,fine,tool1;

其中第一条语句功能：以 500 mm/s 的速度将工具 tool1 的 TCP 直线移动到 p1 点停

下；第二条语句功能：以 p1 点为起点，途经 p2 点，以 500 mm/s 速度走圆弧轨迹到距离目标 p3 点 20 mm 时，开始执行下一条运动指令；第三条语句功能：以 p3 点为起点，途经 p4 点，走圆弧路径到达 p1 点停下。根据图 7-22 所示各位置点和轨迹示意，可以看出如果想要走一个完整的圆形路径需要执行两条 MoveC 指令。

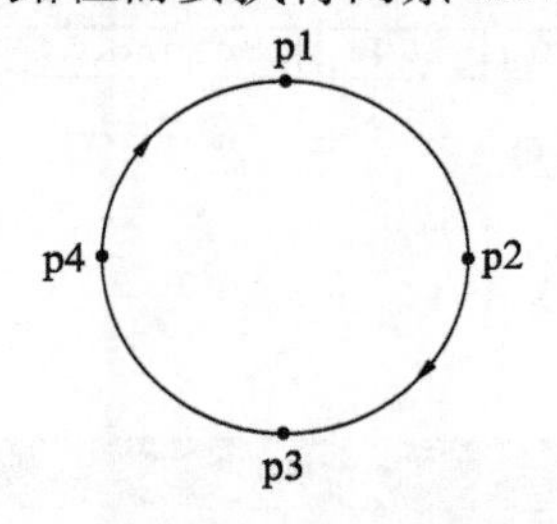

图 7-22　使用运动指令走圆形轨迹示意图

4. 绝对位置运动指令

MoveAbsJ（Move Absolute Joint）用于将机械臂和外轴移动至轴位置中指定的绝对位置。使用 MoveAbsJ 运动期间，机械臂的位置不会受到给定工具和工件，以及有效程序位移的影响。机械臂运用该数据计算负载、TCP 速度和拐角路径。在邻近运动指令中可使用相同的工具。机械臂和外轴沿非线性路径运动至目的位置。所有轴均同时达到目的位置（关节轴的角度位置）。添加绝对位置运动指令的操作可参考图 7-23、图 7-24。

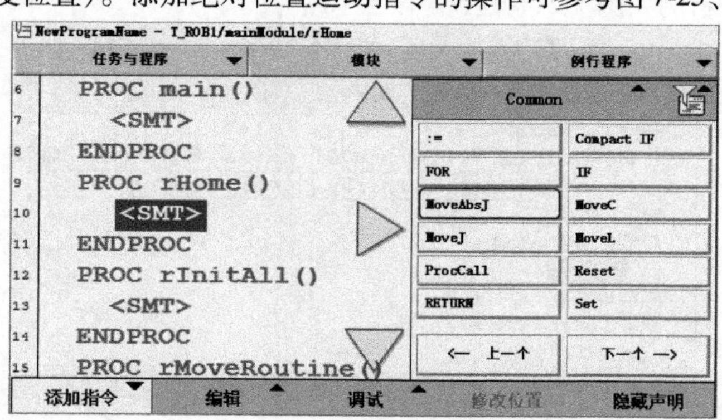

图 7-23　选择绝对位置移动指令 MoveAbsJ

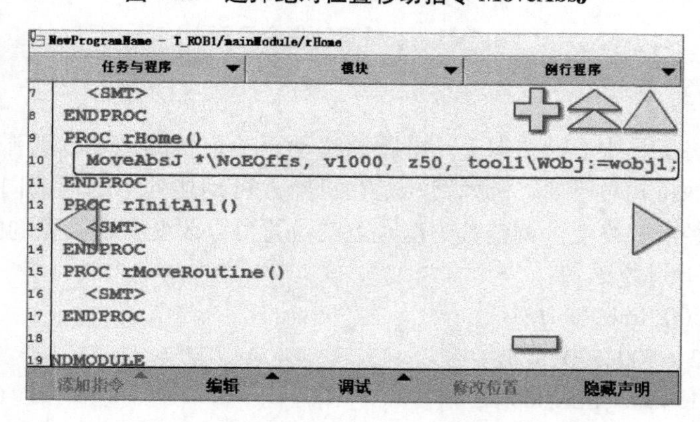

图 7-24　添加绝对位置移动指令 MoveAbsJ 效果

图 7-24 所示指令中“ * ”位置的取值代表着绝对位置移动指令的目标点，可以替换成预先定义位置，也可以在指令中修改位置。对于 IRB120 型机器人，工具中心点的空间位置一般需要转化成各个关节轴角度数据的组合，其位置数据就是 6 个关节轴位置角度参数。如不做任何修改则对应的默认位置数据为 [0，0，0，0，30，0]，该组数据意味着 6 个关节轴的位置除第 5 轴为 30°外，其他关节轴都处于 0°位置，所以该指令常用于控制机器人回到机械零点位置。

任务四 PAPID 常用编程指令（二）

一、I/O 相关指令

I/O 相关指令可以实现对数字 I/O 信号的置位和复位、将程序指令执行与 I/O 接口信号状态关联起来。

1. 数字信号置位指令 Set

Set 指令用于将数字输出信号（Digital Output）置位“1”。在信号获得其新值之前，存在短暂延迟，直至信号已获得其新值，程序才会继续执行。输出信号的真实值取决于信号的配置，如果在系统中有信号反转环节，则该指令将输出信号对应物理通道设置为“0”。

添加的操作可以通过在“程序编辑器中”单击“添加指令”，然后在指令列表中点选“Set”实现。Set 指令的操作对象为数字输出信号，该输出信号可以在列表中选择，也可以现场通过“新建”添加，如果信号表达式比较复杂可以通过表达式模式用软键盘编辑实现。添加后效果如图 7-25 所示。

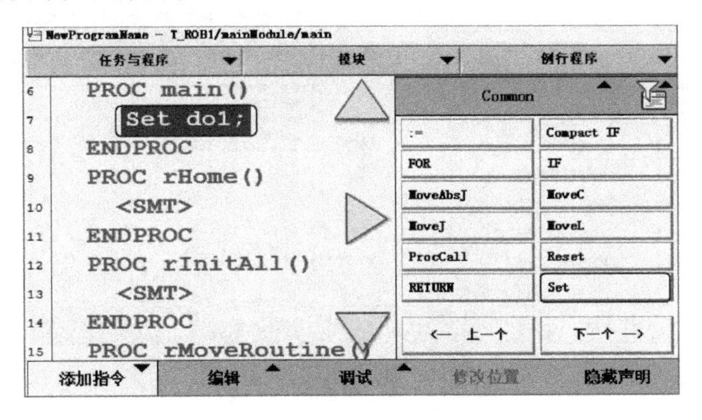

图 7-25 Set 指令示例

2. 数字信号复位指令 Reset

Reset 数字信号复位指令用于将数字输出（Digital Output）信号复位为“0”，直至信号已获得其新值，程序才会继续执行。输出信号的真实值取决于信号的配置，如果在系统中有信号反转环节，则该指令将输出信号对应物理通道设置为“1”。添加的操

作与Set指令类似，在指令列表中点选“Reset”即可实现。添加后效果如图7-26所示。

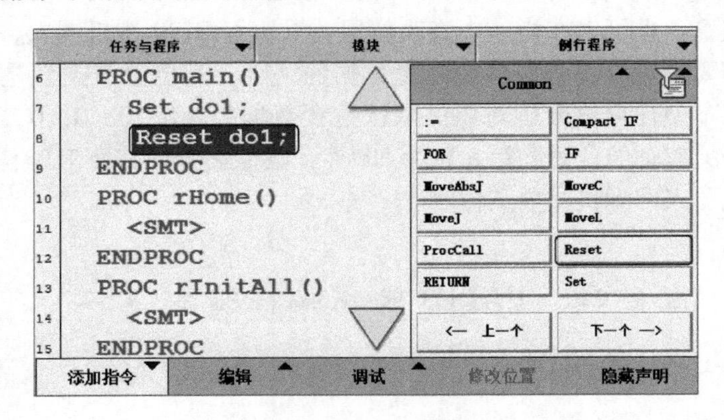

图7-26　Reset指令示例

需要注意的是，如果在Set和Reset指令前面有运动指令的时候，需要将运动指令的转弯区数据设置成“fine”，这样才能确保机器人TCP到达目标点位置后才触发置位或是复位操作，以保证数字输出信号状态变化时间节点准确可靠。

3. 数字输入信号判断指令WaitDI

WaitDI（Wait Digital Input）指令用于等待，直至输入的数字信号与预设值一致，才执行下一条指令。图7-27为添加WaitDI指令示例，其含义是当数值输入信号“di1”的取值为逻辑“1”时，程序继续执行。在这里数字信号的预设值有5种情况：逻辑“1”、逻辑“0”、高电平“high”、低电平“low”、脉冲跳变边沿状态“edge”。当机械臂正在等待时，系统会对时间进行监控，如果超出最长时间值（默认为300 s，也可以根据需要设置），将会引起错误（报警）。

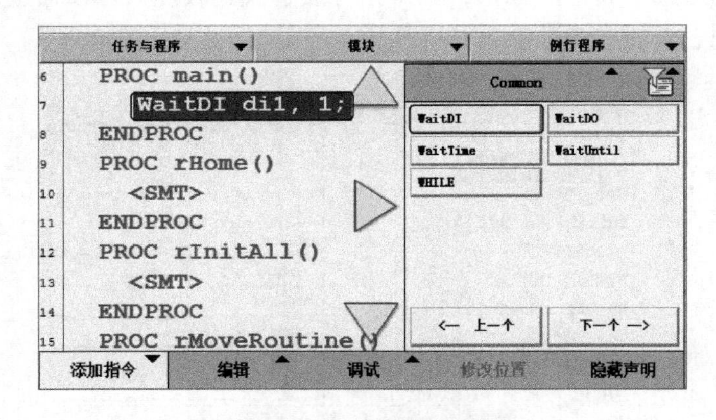

图7-27　WaitDI指令示例

4. 数字输出信号判断指令WaitDO

WaitDO（Wait Digital Output）指令同样是用于等待，直至制定的输出数字信号与预设值一致，才执行下一条指令。图7-28为添加WaitDI指令示例，其含义是当数值输入信号“do1”的取值为逻辑“1”时，程序继续执行。在这里数字信号的预设值有5种情况：逻辑“1”、逻辑“0”、高电平“high”、低电平“low”、脉冲跳变边沿状态

“edge”。当机械臂处于等待状态时，系统会对时间进行监控，如果超出最长时间值（默认为300 s，也可以根据需要设置），需要调用错误处理程序，如未设置将会引起错误（报警）。

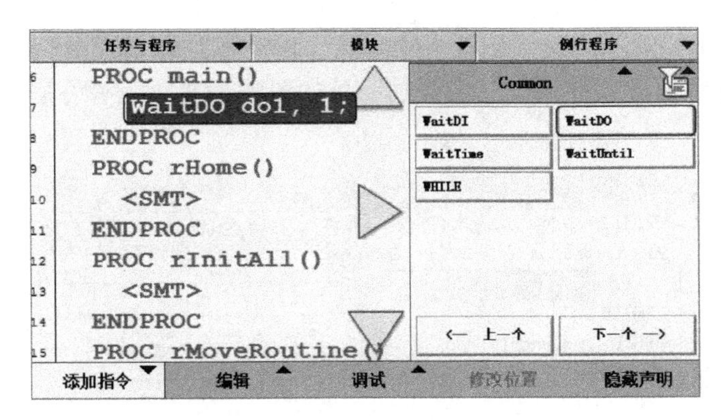

图 7-28　WaitDO 指令示例

5. 信号、变量状态判断指令 WaitUntil

WaitUntil 用于等待，直至指定的变量或信号状态满足预设的逻辑条件，程序才继续执行。如果在执行 WaitUntil 指令时未满足编程条件，则每 100 ms（或根据参数 Pollrate 中的规定值），再次对条件进行检查。当机械臂处于等待状态时，系统会对时间进行监控，如果其超出最长时间值，需要调用错误处理程序，如未设置将会引起错误（报警）。图 7-29 中所示指令示例其含义分别如下：

WaitUntil di1 =1；//当数字输入信号“di1”取逻辑“1”时程序继续执行

WaitUntil do1 =1；//当数字输出信号“d01”取逻辑“0”时程序继续执行

WaitUntil reg1 =5；//当数值型变量“reg1”值为“5”时程序继续执行

WaitUntil flag1 =TRUE；//当布尔型变量“flag1”取值为逻辑真“TRUE”时，程序继续执行

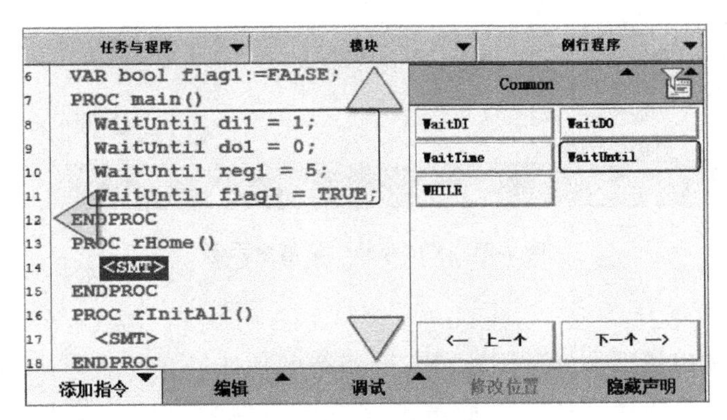

图 7-29　WaitUntil 指令示例

二、条件逻辑判断指令

条件逻辑判断指令主要用于对条件进行判断，以结果为依据决定执行何种操作，

是 RAPID 程序逻辑控制不可或缺的重要手段。

1. 紧凑型条件判断指令 Compact IF

当在满足给定条件的情况下仅执行单个指令时，使用 Compact IF。如果将执行不同的指令，则使用 IF 指令。在“程序编辑器”中“添加指令”的指令列表中选择“Compact IF”然后单击“取消”就会添加一条如图 7-30 所示空指令。

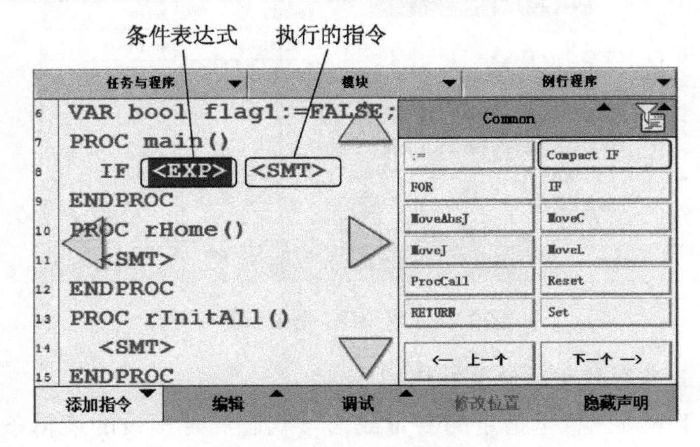

图 7-30　添加 Compact IF 空指令

在如图 7-30 所示的界面中单击“<EXP>”可进入条件表达式编辑状态；单击“<SMT>”后，可在指令列表中选择需要执行的指令。图 7-31 所示指令示例的含义是当布尔型变量“flag1”取值为逻辑真“TRUE”时，将数字输出信号“do1”置“1”。

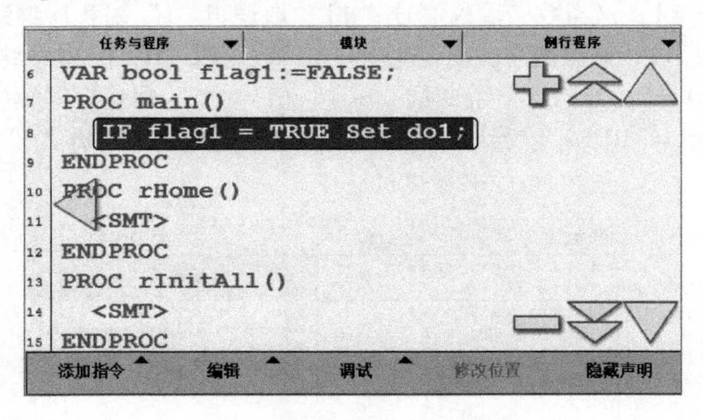

图 7-31　Compact IF 指令示例

2. 条件判断指令 IF

IF 指令可以实现根据条件不同执行不同指令的功能。在“程序编辑器”中“添加指令”的指令列表中选择“IF”然后单击“取消”就会添加一条如图 7-32 所示空指令。选中整条指令后在视窗底部编辑菜单中选择“更改选定内容…”或是直接单击就可进入如图 7-33 所示的指令更改选择界面，先添加一条“ELSEIF”后，再添加一条“ELSE”，单击“确定”完成指令结构设置。

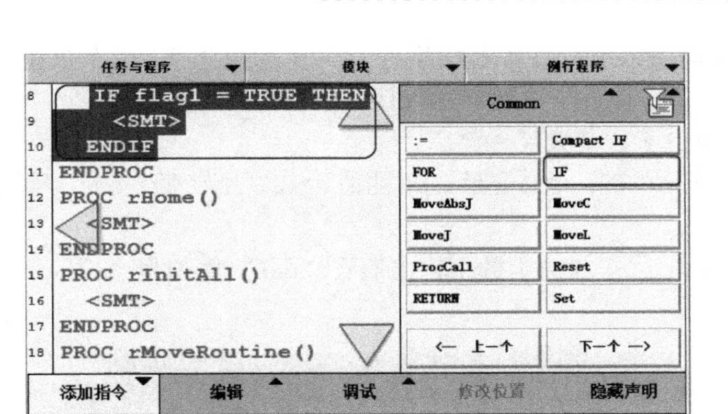

图 7-32　添加空 IF 指令

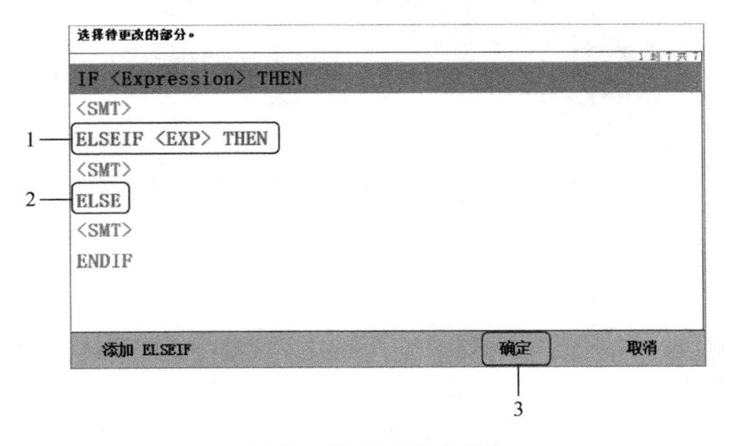

图 7-33　更改 IF 指令结构

在图 7-35 所示的 IF 指令框架中，可以根据需要单击“ <EXP> ”位置输入条件表达式，在“SMT”位置添加满足相应条件时需要执行的指令，切记条件与数据类型要匹配。条件判断指令的条件与执行指令的数量可以根据实际需要进行增减。

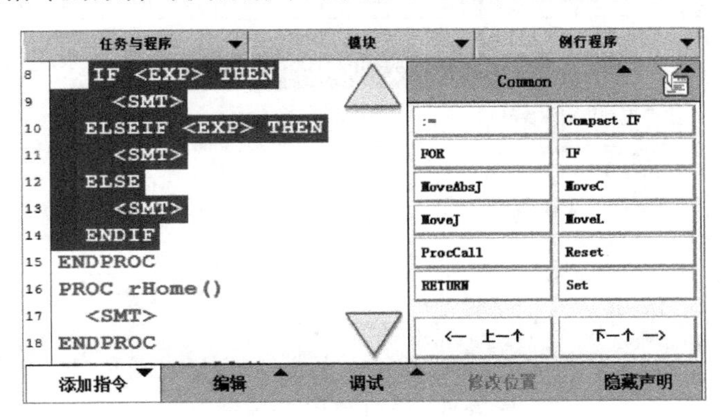

图 7-34　空 IF 指令框架

图 7-35 所示的指令含义为：

IF reg1 = 5 THEN

```
  flag1 : = TRUE;      //如数值型变量 reg1 的值为 5，则布尔型变量“flag1”赋
                         值为“TRUE”
ELSEIF reg1 = 10 THEN
  flag1 : = FALSE; //如变量 reg1 的值为 10，则变量“flag1”赋值为“FALSE”
ELSE
  Set do1;          //否则数字输出信号“do1”置位为“1”
ENDIF
```

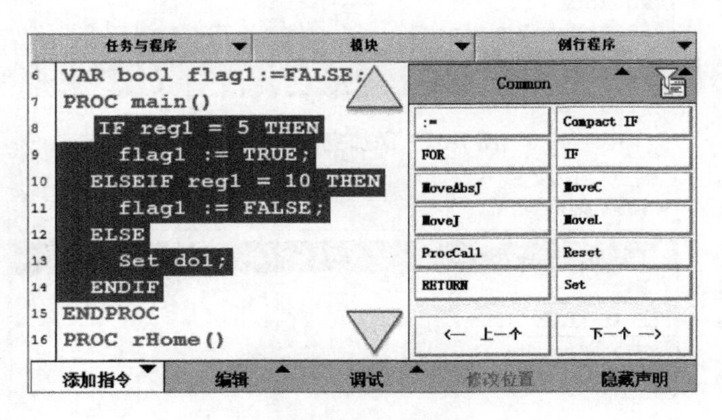

图 7-35　IF 指令示例

3. 循环控制指令 FOR

当需要重复执行一个或多个指令指定次数时，就需要使用循环控制指令 FOR。进入“程序编辑器”后单击添加“FOR”指令就得到如图 7-36 所示的空指令。指令中“< ID >”位置对应着循环控制变量名，第一个“< EXP >”需要输出循环控制变量的初始值（表达式），第二个“< EXP >”需要输出循环控制变量的终止值（表达式），“< SMT >”中则输入需要重复执行的指令。图 7-37 中所示 FOR 指令的功能是重复调用例行程序“rHome”10 次。

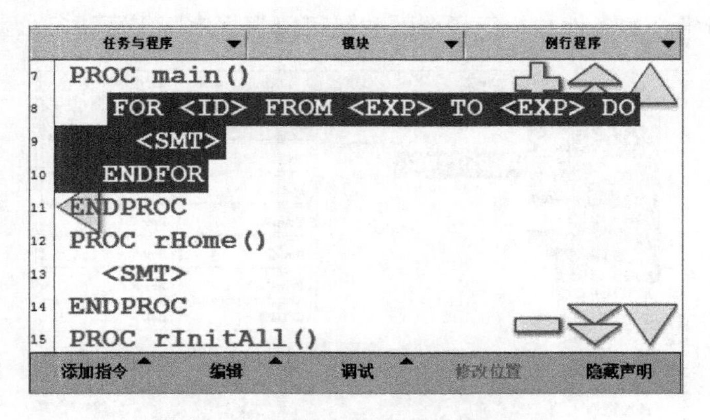

图 7-36　添加 FOR 空指令

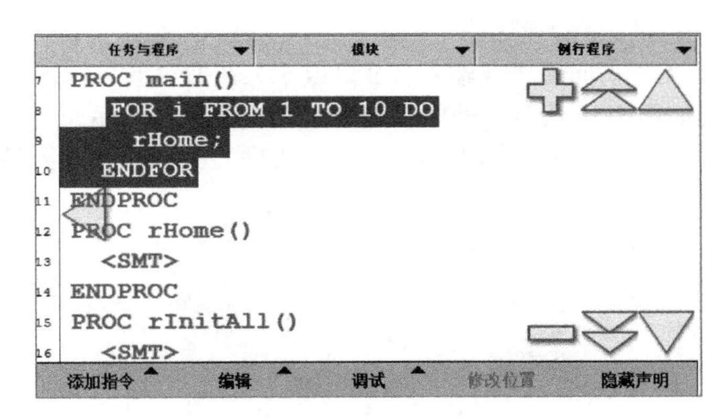

图 7-37 FOR 指令示例

4. 循环控制指令 WHILE

当需要在满足某种条件时重复执行指令，且重复次数不定时就需要使用 WHILE 指令来实现功能。进入“程序编辑器”后单击添加“WHILE”空指令，在“< EXP >”位置添加条件表达式，在“< SMT >”位置添加需要重复执行的指令。

图 7-38 所示指令的功能是当数值型变量“reg1”的值小于变量“reg2”时变量“reg1”重复加 1 操作，直到“reg1”的值等于变量“reg2”停止操作。

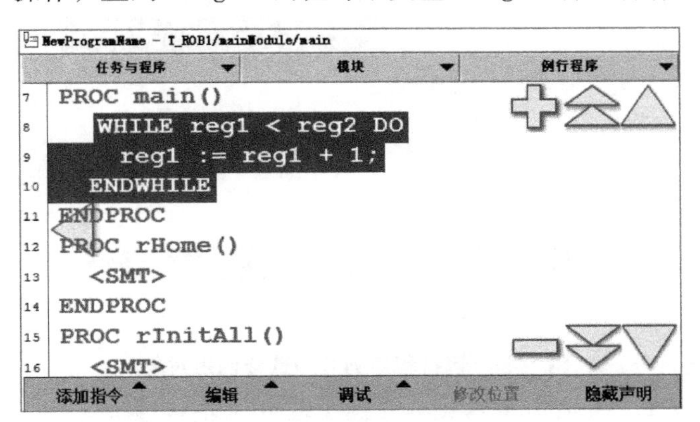

图 7-38 WHILE 指令示例

三、其他常用指令

其他常用指令还包括例行程序的调用与返回、时间延迟控制等。

1. 例行程序（子程序）调用指令 ProcCall

ProcCall 子程序调用指令用于将程序执行转移至另一个无返回值程序。当执行完调用的无返回值程序后，继续执行下一条指令。程序可相互调用，被调用的程序也可调用其他子程序。程序也可自我调用，即递归调用。允许的程序调用等级取决于参数数量。通常允许 10 级以上。被调用的无返回值程序的参数必须符合如下条件：

① 必须包括所有的强制参数；

② 必须以相同的顺序进行放置；

③ 必须采用相同的数据类型；

④ 必须采用有关于访问模式（输入、变量或永久数据对象）的正确类型。

具体操作过程如图 7-39 所示，操作时先选定调用位置，然后如在指令列表中选择“ProcCall”指令进入如图 7-40 所示例行程序（子程序）列表，选中要调用的对象单击“确定”即可。

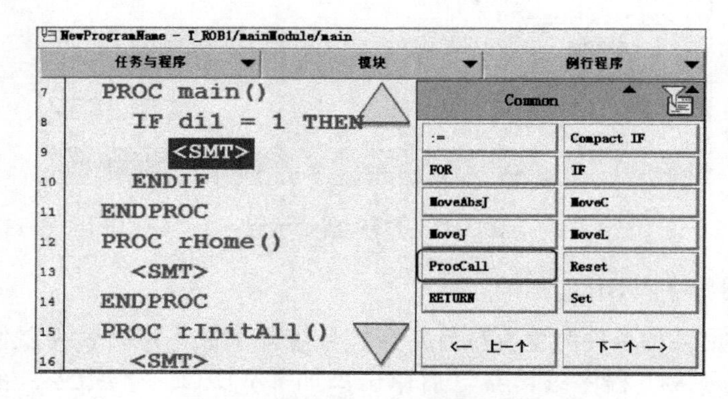

图 7-39 添加 ProcCall 指令操作

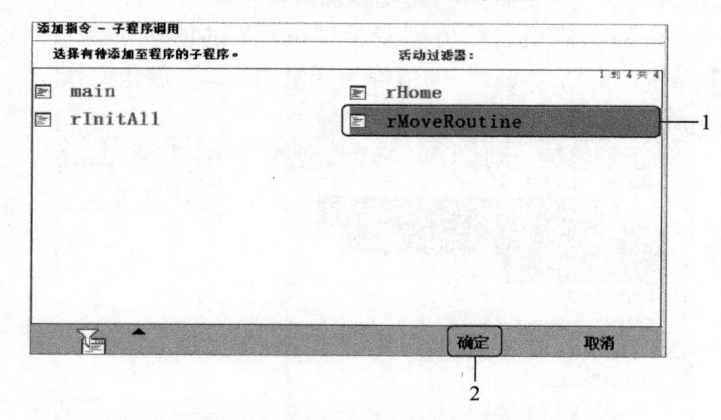

图 7-40 例行程序列表中选择调用对象

图 7-41 所示语句实现的功能：当数字输入信号“di1”的值为“1”时调用例行程序“rMoveRoutine”。

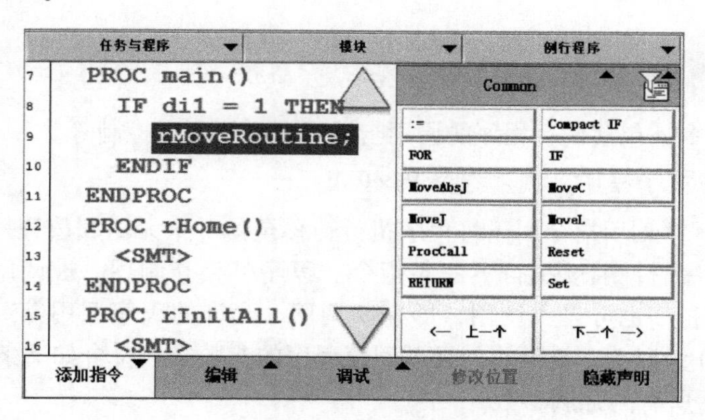

图 7-41 ProcCall 子程序调用指令示例

2. 返回调用位置指令 RETURN

RETURN 指令的功能是返回调用位置。当此指令被执行时立即结束程序调用，程序指针返回到调用位置，如果被调用的对象是函数，则同时返回函数的值。使用 RETURN 指令程序类型不同，指令的执行结果会有所不同：

① 主程序：如果程序拥有执行模式的单循环，则停止程序，否则通过主程序的第一个指令，继续程序执行；

② 无返回值程序：通过过程调用后的指令，继续程序执行；

③ 函数：返回函数的值；

④ 软中断程序：从出现中断的位置，继续程序执行。

RETURN 指令的添加操作与前面所述类似，在此不赘述。

RETURN 指令使用示例：

```
errormessage;        //调用无返回值程序 errormessage
Set do1;
...
PROC errormessage() //无返回值程序 errormessage
IF di1 =1 THEN
RETURN;                  //如 di1 =1，则返回调用位置
ENDIF
TPWrite "Error";           //如 di1≠1，则显示信息“Error”
ENDPROC
```

主程序调用 errormessage 无返回值程序。如果无返回值程序执行 RETURN 指令，则在返回调用位置后，主程序继续执行“Set do1”指令。

3. 时间等待（延时）指令 WaitTime

WaitTime 指令用于等待给定的时间，然后再继续执行下一条指令。该指令亦可用于等待，直至机械臂和外轴静止。指令添加操作与其他指令类似，不做赘述。WaitTime 指令使用示例：

```
Proc Routine1()
  WaitTime 5;
  Reset do1;
ENDPROC
```

示例中程序实现的功能：等待 5 s 后，执行数字输出信号”do1”的复位操作。

任务五　RAPID 编程示例

在掌握机器人基本操作和常用指令后，就可以通过简单实训来进一步体验 ABB 机器人示教器编程全部环节。

一、程序规划

程序规划就是根据工作要求进行任务解析，确定任务执行流程，根据任务流程确定机器人运动轨迹的路径规划，然后进行程序的框架结构规划，最终确定程序的结构布局。程序结构布局是编程实施所依托的逻辑骨架，设计的合理与否直接关系最终程序执行的效率与效果。

1. 具体的工作需求分析

在如图 7-42 所示场景中，机器人在未收到 di1 控制信号时 TCP 停留在 pHome 位置等待，当数字输入信号 di1 输入为“1”时，机器人沿图中构造物边缘运动一周，结束后回到到 pHome 点。

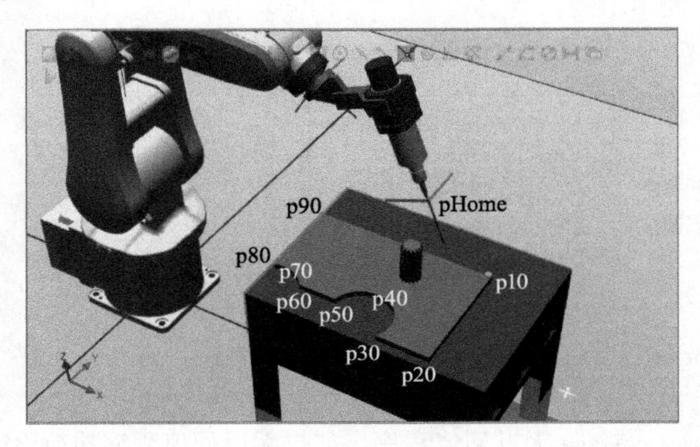

图 7-42　路径规划示意图

2. 运动路径规划

除 pHome 点外，机器人在工件上的运动轨迹由 5 条直线段和 2 条圆弧线段组成，根据线性运动和弧线运动指令的特性（直线运动需要 2 个点位，弧线运动轨迹需要确定 3 个点位），可以推断出至少需要确定 9 个点。

3. 程序结构规划

根据工作要求和轨迹特征确定该程序只需要 1 个编程模块“mainModule”即可满足要求，“mainMoudle”包含 4 个例行程序：主程序 main( )、使机器人回等待位置的（例行）程序 rHome( )、系统初始化（例行）程序 rInitAll( )、机器人运动轨迹控制（例行）程序 rMoveRoutine( )。

二、程序创建与调试

1. 创建程序框架

参考本项目任务一中程序框架创建方法，根据程序结构规划要求创建如图 7-43 所示程序框架，进行程序模块和 4 个空例行程序的创建。完成结构创建后选择合适的工件坐标和工具坐标、数据，如无与工作场景相匹配的数据，可以参照前面相关内容完成工件坐标、工具坐标的创建及载荷数据的配置，以及其他必要的程序数据的预定义等，做好程序编写的前期准备工作。

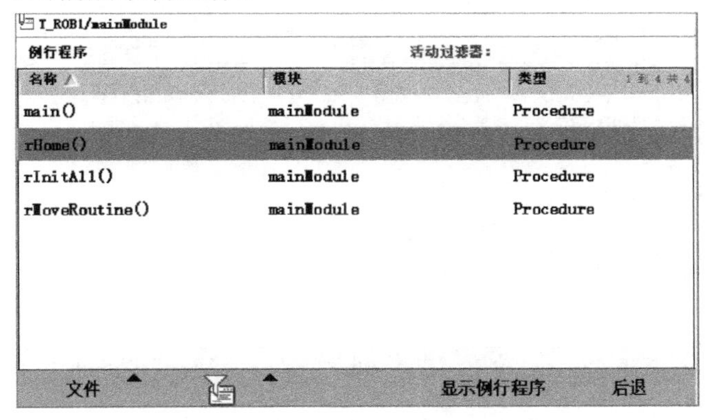

图 7-43　程序框架图

2. 编写例行程序

（1）“rHome” 例行程序

“rHome” 程序的功能是控制机器人返回工作等待位置 “pHome”。在如图 7-43 所示例行程序列表中选中 “rHome( )”，然后单击 “显示例行程序” 进入编辑状态，选择添加关节运动指令 “MoveJ”，输入如图 7-44 所示参数，修改后单击 “确定” 回到图 7-45 程序编辑界面。

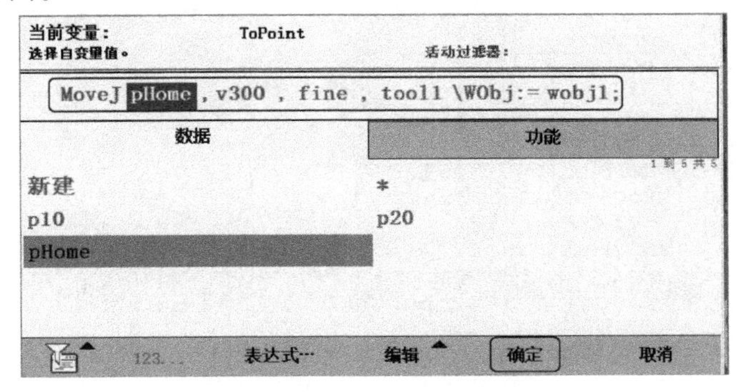

图 7-44　指令参数设置

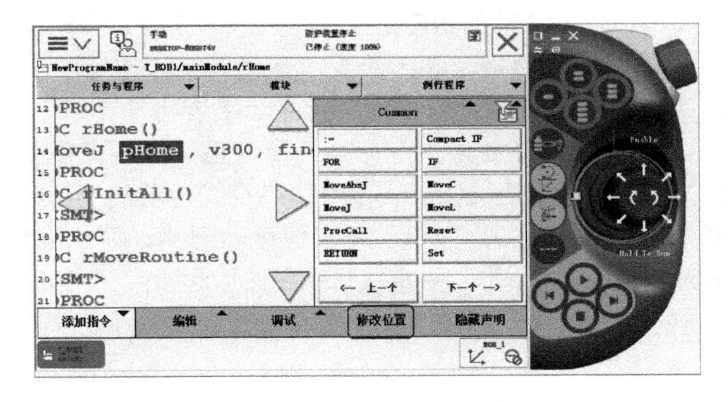

图 7-45　修改 pHome 点位置数据

选择合适的动作模式，控制机器人 TCP 到预设的“pHome”位置后，单击修改位置完成指令编辑。编辑好的“rHome( )”例行程序如图 7-46 所示。

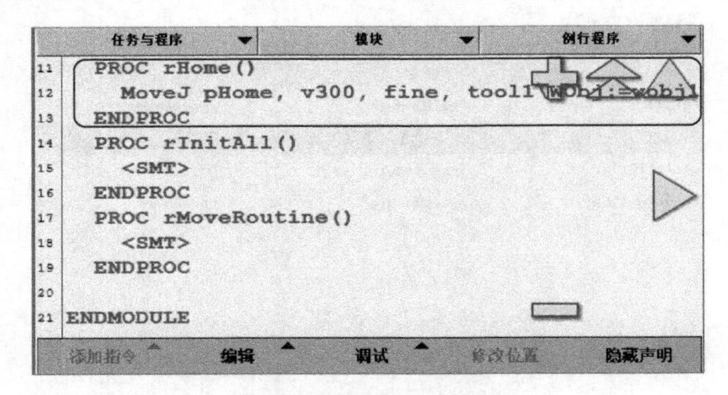

图 7-46　例行程序“rHome( )”

(2)“rInitAll”例行程序

本例行程序主要功能是完成机器人运行前的初始化操作设置（如速度限定、夹具复位等，具体项目因需要而定）后，让机器人回到等待位置。在当前例行程序中只有两条速度控制指令和一条程序调用指令，添加时可以在指令列表的“Settings”类项目中找到。编辑完成的初始化例行程序如图 7-47 所示。

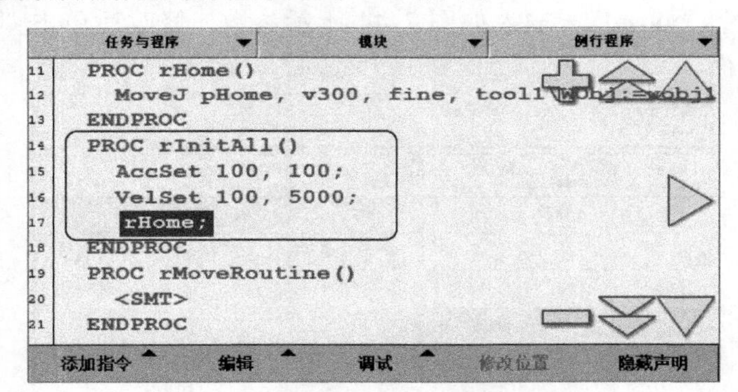

图 7-47　例行程序“rInitAll( )”

(3)“rMoveRoutine( )”例行程序

例行程序“rMoveRoutine( )”的功能是完成机器人的主要运动轨迹控制，共需要 5 条直线运动指令、2 条圆弧运动指令和 1 条关节运动指令。指令中“p10”～“p90”点的位置参考图 7-42 轨迹规划示意图。各条指令的参数参考图 7-48，运动速度、转弯区数据、工具、工具参数的选择各条指令完全一致，也可以根据需要做个性化设置。运动轨迹为：关节运动到组合图形起始点“p10”→直线运动到“p20”→直线运动到“p30”→经“p40”走圆弧轨迹到“p50”→直线运动到“p60”→经“p70”走圆弧轨迹到“p80”→直线运动到“p90”→直线运动到图形起始点“p10”。

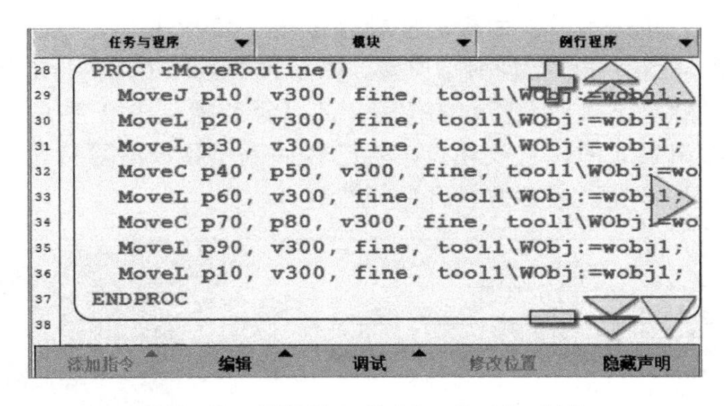

图 7-48　例行程序“rMoveRoutine( )”

（4）“main( )” 例行程序

例行程序“mian( )”是主程序控制整个工作过程的运行逻辑。主程序首先调用初始化程序“rInitAll( )”，然后使用一条“WHILE”指令构建一个死循环将初始化程序与正常运行轨迹程序隔离开来。初始化程序只执行一次，然后就需要根据条件循环执行路径“rMoveRoutine( )”，如果不满足条件则执行“rHome( )”程序，控制机器人回到等待位置等待输入信号“di1”值变为“1”。最后添加一条“WaitTime”指令，目的是防止机器人系统 CPUI 过负荷出现逻辑错误。主程序中指令及参数要求如图 7-49 所示。然后单击“调试”按钮，选择“检查程序”，对主程序的语法进行检查，如发现错误则根据系统提示的出错位置和修改建议进行修正操作，如显示“未出现任何错误”则直接单击“确定”即可。

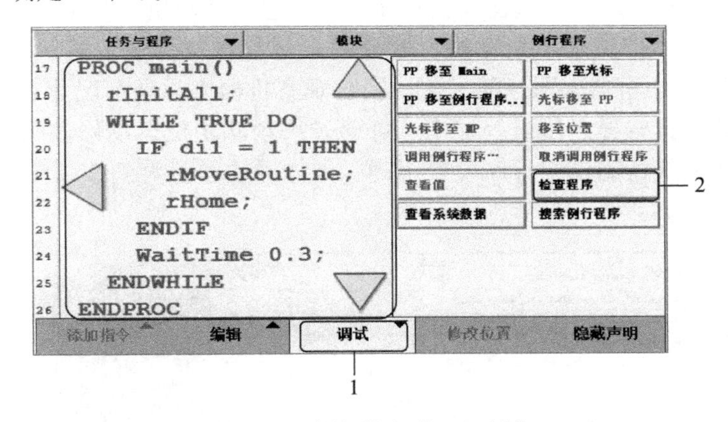

图 7-49　例行程序“main( )”

3. 调试 RAPID 程序

完成程序编辑后就要进行程序的调试操作。调试的主要目的是检查程序位置点正确与否及程序的控制逻辑是否完善。在这里主要针对与机器人运动轨迹直接相关的例行程序“rHome( )”和“rMoveRoutine”。

（1）调试例行程序“rHome( )”

进入示教器“程序编辑器”界面→打开“调试”菜单→选择“PP 移动至例行程序”→在例行程序列表中选择“rHome”，然后单击“确定”。在图 7-50 所示界面中按

下示教器使能按钮，单击示教器面板程序控制按钮“单步执行”，观察示教器主界面，“PP”指示的位置是当前程序指针所指位置，指示程序运行正在执行的指令位置，机器人图标则指示当前状态下机器人所处的位置，二者都是随程序语句执行而动态变化的。执行中，注意观察机器人的位置变化，是否已经回到了预设的等待位置。需要注意的是，直到按下“程序停止”键后才松开使能按键。

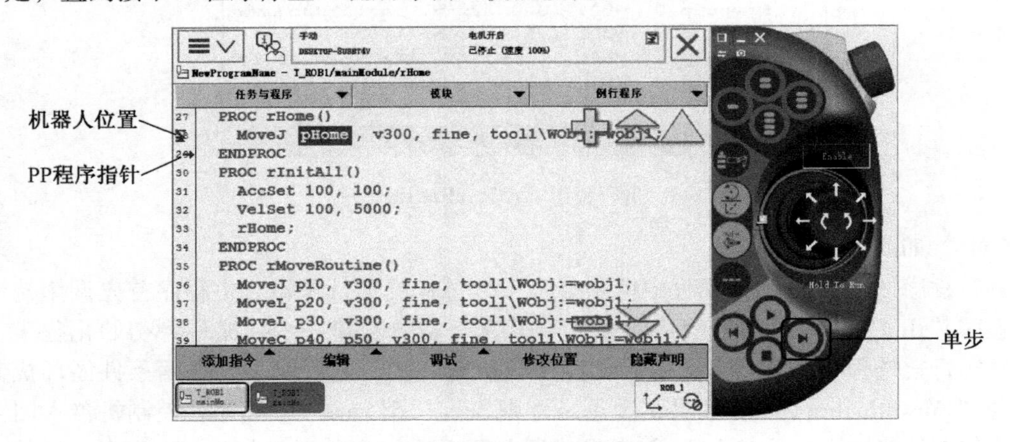

图 7-50　调试例行程序“rHome( )”

（2）调试例行程序“rMoveRoutine”

进入示教器“程序编辑器”界面→打开“调试”菜单→选择“PP 移动至例行程序”→在例行程序列表中选择“rMoveRoutine”，然后单击“确定”。在图 7-51 界面中按下示教器使能按钮，单击示教器面板程序控制按钮“单步执行”，每按一次，机器人执行一条指令，其中圆弧运动指令执行时分两步运行。执行中观察示教器主界面中，程序指针“PP”及小机器人图标的变化，同时观察机器人运动情况是否符合预期，如出现不可到达或接近奇异点错误等提示，可通过手动从定位运动修改接近目标点的状态，每一步都顺畅执行则说明程序设置正确。同样需要注意直到按下“程序停止”键后才松开使能按键。

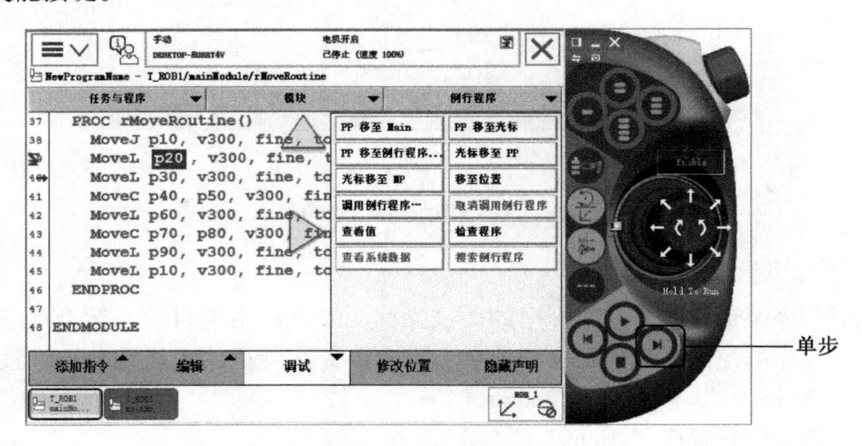

图 7-51　调试例行程序“rMoveRoutine”

（3）调试主程序“main( )”

进入示教器“程序编辑器”界面→打开“调试”菜单→选择“PP 移动至 main”→“PP”指针就会指向主程序的第一条指令。在图 7-52 所示界面中按下使能键，进入“电机开始模式”，按一下“程序启动”按键，观察程序执行，检查主程序执行中有无逻辑错误，机器人运动状态是否理想，如有问题，根据提示进行调整。需要注意的是，调试过程中，直到按下“程序停止”键后才松开使能按键。

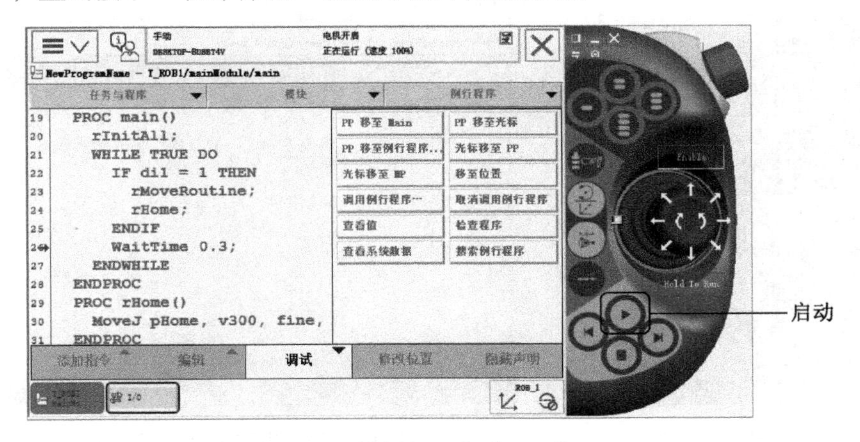

图 7-52　调试例行程序“main”

程序执行过程中，因数字输入信号“di1”的默认值为逻辑“0”，所以程序不满足条件判断语句执行条件，也就是机器人运动控制程序无法执行，这时要想观察满足条件时机器人运动状态，则需要对信号“di1”进行仿真，人为使“di1 = 1”条件成立。仿真操作过程：单击 ABB 功能键→选择“输入输出”→单击“视图按键”→“数字输入”进入图 7-53 仿真设置界面后直接单击“仿真”，当显示“di1”值为 1 时，主程序继续执行，当“di1 = 0 时”，机器人完成当前轨迹后返回等待位置。

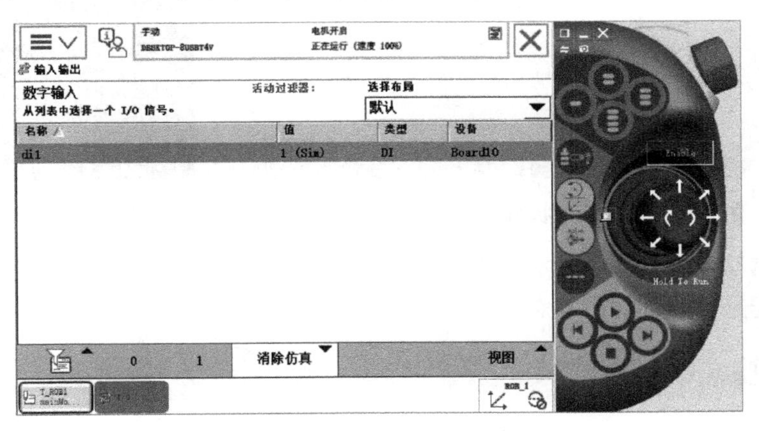

图 7-53　数字输入信息 di1 仿真

三、RAPID 程序自动运行

程序在经过手动状态下调试验证后，就可以进入自动运行（生产）状态进一步验证。自动运行状态需要在如图 7-54 所示控制柜面板上运动模式设置钥匙左旋至自动运行状态，然后回到示教器上确认（见图 7-55），再单击“PP 移至 main”将程序指针指向主程序第一条指令，单击“是”确认后（见图 7-56），回到控制柜面板上按下白色按钮开启电机（见图 7-57），然后在示教器上按下程序“启动”按钮，就可观察程序在自动运行过程中的变化。

图 7-54　旋转钥匙至自动运行状态

图 7-55　自动运行状态切换确认 1

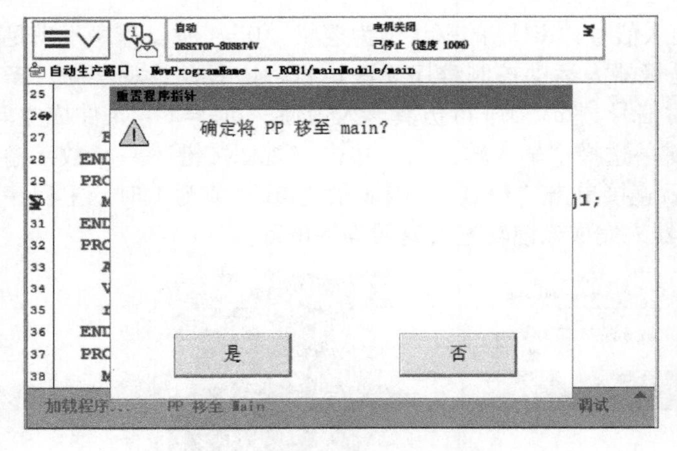

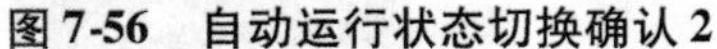

图 7-56　自动运行状态切换确认 2

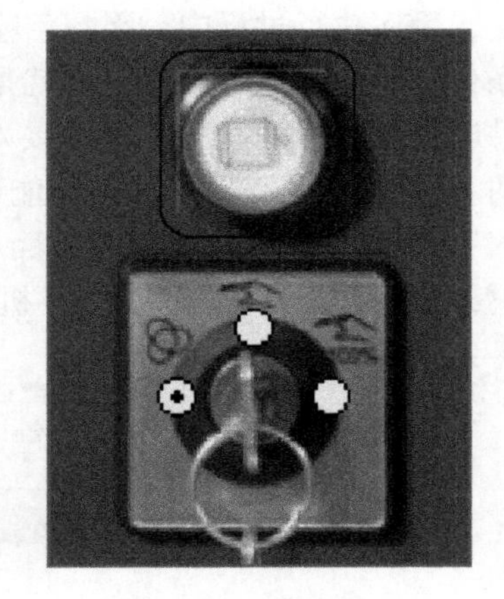

图 7-57　开启电机

因为在自动生成模式下无法仿真“di1”信号，所以本程序只有在信号切实存在时才能观察到完整的程序运行状态。

四、程序存储备份

通过示教器编写的程序会自动保存到工控机硬盘默认路径，如果需要备份至其他路径或存储器上，则需要对编程模块进行另存备份。操作方法不复杂，只需要在“程序编辑器”界面单击“模块标签”→单击“文件”选项→“另存模块为”→选择合适的路径保存即可。

项目拓展

奇异点

操作者通过对机械臂的各轴位置配置的调整可获得机器人工作范围空间内的任意指定位置，这样就能确定工具中心点的位置和工具方位。但是机器人在基于工具的位置和方位计算机械臂各轴角度时，当机器人接近某些特殊轴配置位置时会出现因不必要的关节轴机械运动导致系统错误的现象，这些特殊轴配置组合对应的位置也就是熟知的奇异点，是机器人编程中要给予特殊关注、必须规避的轴配置组合。

一、奇异点分类

一般说来，工业机器人机械臂有两类奇异点：臂奇异点（见图7-58）和腕奇异点（见图7-59）。臂奇异点是指腕中心（关节轴4，5，6的交汇点）正好直接位于轴1正上方的所有轴配置组合。腕奇异点则对应着轴4和轴6中心同轴，也就是第5关节轴角度为0°时的轴配置组合对应的位置。

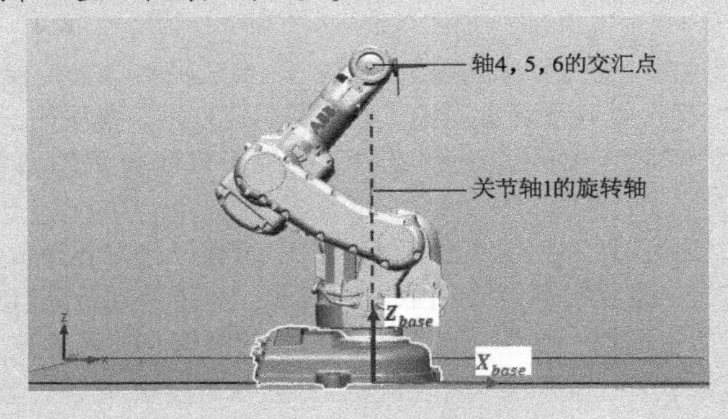

图7-58　臂奇异点

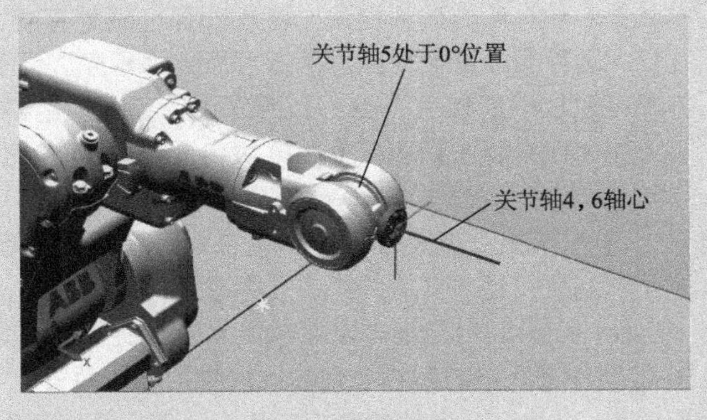

图7-59　腕奇异点

二、通过奇异点的程序执行

在关节插补时，机器人机械臂通过奇异点时不会出现问题。在接近奇异点处执行直线或圆弧路径指令时，某些关节轴（轴1，6或轴4，6）的速率可能极大，甚至会出现超过关节最大允许速率的现象。因此，为避免超过最大关节速率，可采用降低直线路径速率的方法来规避风险。在关节轴交角处插补腕轴时，可在用模式（SingArea/Wrist）使关节轴的高速率降低的同时仍然维持机器人的直线运动轨迹。但是，这种方法存在一定的导致方位错误的风险。

需要注意的是，当机器人机械臂经过带直线或圆弧插补的奇异点时，机械臂配置会发生显著变化。同时，在只移动外轴时，机械臂同样不得停留在其奇异点位置，不然会导致机械臂关节轴发生不必要的移动。

三、通过奇异点的手动控制

在机器手动操控过程中，在关节插补期间，机械臂通过奇异点时，一般不会出现问题。在直线插补时，机械臂可以以减速模式穿过奇异点。

项目小结

ABB 工业机器人的编程可以采用两种方式：离线编程和在线编程。一般离线编程是在 ABB 配套的仿真软件 R 平台上完成，离线编程适合复杂程序的编写。在线编程操作一般是在示教器（FlexPendant）上完成的，适用于比较简单的编程实现或是程序修改。

机器人程序由编程模块和系统模块组成。其中编程模块由各种数据和例行程序构成，系统模块用来定义常见的系统专用数据和程序。对于单任务系统的所有的编程模块中，有且仅有 1 个主模块；在构成各个编程模块的所有例行程序中，有且仅有 1 个主例行程序，简称主程序。主程序中包含所有需要执行的完成各个分项任务的指令、例行程序调用的逻辑顺序。

名称已定的程序文件中包含所有编程模块。将程序保存到外存或大容量内存上时，会生成一个新的以该程序名称命名的文件夹。例行可简称为程序（子程序），分为无返回值程序、有返回值程序和软中断程序三类。一般来讲，程序的范围是指可获得（调用）程序的区域。除程序声明为局部程序（在模块内）外的所有例行程序都为全局程序。

编程流程主要分为三个环节：编程准备、程序的编辑处理和程序的运行。RAPID 编程语言的指令系统比较复杂，目前支持的指令总数超过 340 条，支持函数种类 200 余种，数据类型超过 100 种，而且其数量还随着系统版本升级在不断扩充中。

RobotStudio 6. 06 版软件系统示教器指令列表中的常用指令总计 17 个，可分为赋值指令、机器人运动指令、I/O 指令、条件逻辑判断指令、例行程序调用相关和延时指令等几种情况。对机器人运动轨迹的编程是机器人编程工作的重要组成部分，涉及的机器人的运动控制指令主要有 4 种，分别是关节运动（MoveJ）、线性运动（MoveL）、圆弧运动（MoveC）和绝对位置运动（MoveAbsJ）。

思考与练习

1. 机器人编程编程的方式有哪些？分析不同方式的区别。

2. 在仿真平台上，参照项目中各任务的要求，完成常用指令示例添加操作。

3. 根据任务五的程序示例，在仿真平台上完成程序的编辑调试，并借助信号仿真实现程序的正确运行。

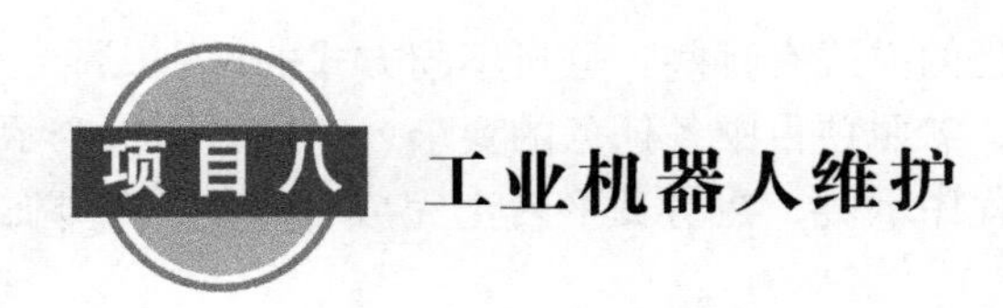

工业机器人维护

项目要求

1. 熟练掌握工业机器人维护内容；
2. 能够根据维护内容和系统工作要求制订维护计划；
3. 能够根据维护计划熟练完成检查、更换、清洁等维护活动。

任务一　机器人系统维护计划

机器人由机器人和控制器机柜组成，必须定期对其进行维护，以确保其功能正常发挥。机器人系统维护活动的需要以维护计划为基础展开，维护计划中的主要内容包括维护时间间隔（周期）和维护内容两部分。一些不可预测的情形发生时也需要对机器人进行检查维护，以避免因意外产生的任何损坏现象。

一、准备工作

要制订完善的维护计划需要做好必要的准备工作，包括必须熟悉相关安全信息、准备必需的标准工具包、确定各项维护活动的时间间隔（周期）参考依据。

1. 熟悉安全信息

开展任何检修工作之前，必须查阅所有的安全信息。这里强调的所有安全信息是除了一般安全事项之外，同时还包括与系统各个模块和功能相对应的更为具体的安全信息。安全信息中记录了在执行操作程序时所存在的所有危险或安全风险，除了参考前面某些项目相关内容外，对于不同型号的工业机器人还要详细阅读机器人随机操作手册所记载的安全信息。

2. 机器人维护标准工具包

开展维护活动前必须确定需要准备哪些工具，并熟悉相应的工具操作方法。一般来讲，机器人维护的标准工具包套件的组件项目及规格可参考表8-1。

表 8-1　机器人维护标准工具套件内容

序号	工具名称	规格	数量
1	带球头内六角扳手	2.5～17 mm	1 套
2	转矩扳手	0.5～10 N·m	1 套
3	螺丝批套装	一字、十字	1 套
4	转矩扳手 1/2 的棘轮头	1/2	1 把
5	塑料锤	锤头直径≤35 mm	1 把
6	斜口钳	6 寸	1 把
7	套筒扳手	1/2"	1 套
9	带球头 T 形手柄		1 把

3. 维护时间间隔的规定

确定维护活动时间间隔（周期）的时间基准有 3 种情况，采取哪种标准取决于所要实施的维护活动的类型和机器人的工作条件。

① 日历时间：按月数规定，而不论系统运行与否；

② 操作时间：按操作小时数规定，更频繁的运行意味着更频繁的维护活动。

③ SIS 时间：由机器人的 SIS（Service Information System）规定。间隔时间值通常根据典型的工作循环来给定，但此值会因各个部件的负荷强度而存在差异。

二、维护计划

维护计划的制订要根据机器人各个功能模块的工作方式、使用寿命、工作条件等方面综合考虑，以 120 型机器人的维护计划为例，维护活动涉及检查、更换和清洁 3 种活动，其他型号甚至是其他品牌工业机器人的维护计划也基本类似。具体维护活动内容和维护周期可以参考表 8-2。

表 8-2　IRB120 型机器人

项目编号	检修项目	维护活动	维护间隔（周期）
1	机器人整体外观	检查异常磨损或污染	定期①；洁净室中须每天
2	阻尼器，轴 1，2 和 3	检查	定期①
3	电缆线束	检查	定期①
4	同步（皮）带	检查	36 个月②
5	塑料盖	检查	定期①
6	机械停止销	检查	定期①
7	RMU101/102 电池组（3 极触点）	更换	36 个月或电池低电量警告时③
8	（2 电极电池触点）电池组	更换	低电量警④
9	机器人整机	清洁	定期①

注：①“定期”意味着要定期执行相关活动，但实际的间隔可以不遵守机器人制造商的规定。此周期取决于机器人的操作周期、工作环境和运动模式。通常来说，环境的污染越严重，运动模式越苛刻（电缆线束弯曲越厉害），间隔也越短。

② 检修工作（包括拆卸机器人部件）应始终在洁净室区域之外进行。

③ 当需要更换电池时，将会显示电池低电量警告（示教器显示“38213 电池电量低”）。建议在电池更换完毕前保持控制器电源打开，以避免机器人不同步。

④ 电池的剩余容量不足 2 个月时，将显示低电量警告（38213 电池电量低）。通常，如果机器人电源每周关闭 2 天，则新电池的使用寿命为 36 个月，而如果机器人电源每天关闭 16 个小时，则其使用寿命为 18 个月。通过电池关闭服务例行程序可延长使用寿命。

任务二　机器人系统检查活动实施

制订好维护计划后，依照维护计划开展各项维护活动。对于日常维护而言，检查活动的工作比重最大、项目相应也最多，可以看作维护活动的主要工作内容。检查活动包括检查机器人布线、机械停止、阻尼器、同步带、塑料盖（壳体）等。

一、检查机器人布线

机器人布线包含机器人与控制器机柜之间的布线、主机柜电源线、外接数据线等。布线相关的检查活动一般无须工具，通过人工目测即可，如需更换配件才会需要使用其他工具。主要操作流程如下。

1. 准备工作

进入工作区域前为确保人机安全，必须要完成关闭机器人的电源、液压源和气压源设备等工作。

2. 检查实施

安装供电走向及数据传输处理逻辑顺序，目测检查机器人与控制柜之间、机器人外部供电通信等线路，重点查找线路有无磨损、撕裂或挤压损坏，或者是损坏风险。

3. 问题处理

确保做好每次检查的记录工作，做到准确、细致。如在检查中发现有磨损、开裂或挤压损坏则需要及时对相应的线缆予以更换。

二、检查轴 1，2，3 机械停止位置

齿轮箱与机械停止装置的碰撞可导致其预期使用寿命缩短。轴 1，2，3 上机械停止组件存在的意义是一种保护机制，如有磨损或损坏需要予以更换。检查中如无须更换备件则不需要其他工具，目测即可。以 IRB120 型机器人为例，轴 1 ~ 轴 3 的机械停止组件位置如图 8-1 ~ 图 8-3 所示。其中轴 1 的机械停止组件位置分别位于底座和摆动平板上，轴 2 的机械停止组件位置位于摆动壳和上臂外侧，轴 3 的机械停止位置位于靠近轴 2 和轴 3 的下臂内侧。

1. 准备工作

进入工作区域前为确保人机安全，必须要关闭机器人的电源、液压源和气压源设备。

2. 检查实施

IRB120 机器人的轴 1，2 M3 的停止位置检查可以参考图 8-1 ~ 图 8-3 所示位置目测实施。

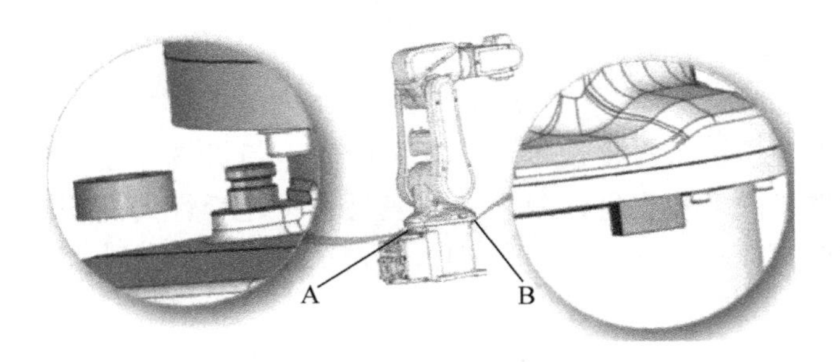

图 8-1　IRB120 型机器人轴 1 机械停止组件位置

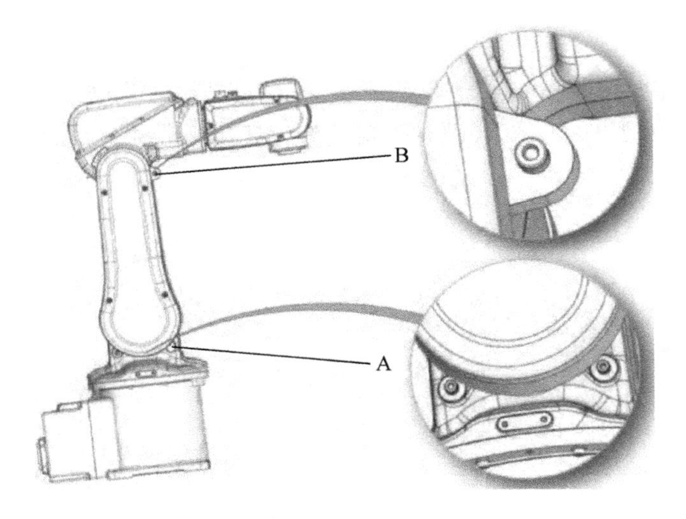

图 8-2　IRB120 型机器人轴 2 机械停止组件位置

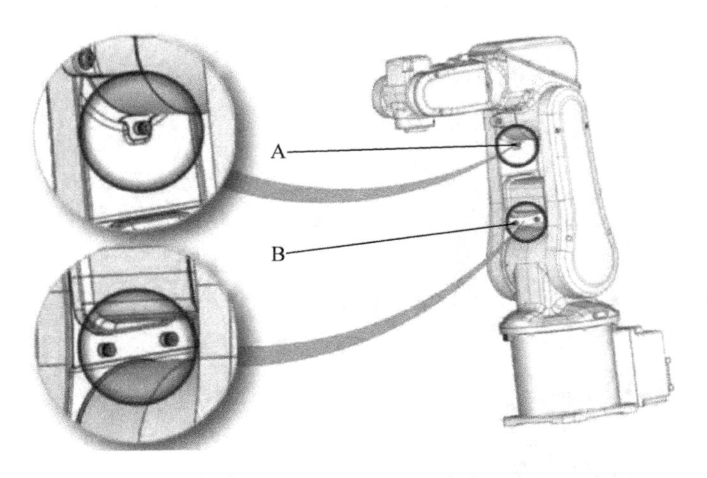

图 8-3　IRB120 型机器人轴 3 机械停止组件位置

3. 问题处理

确保做好每次检查的记录工作，做到准确、细致。如在检查中发现有弯曲、松动、破损等现象则需要及时更换机械停止备件。

三、检查机器人阻尼器

阻尼器一般安装于机械停止位置，在发生齿轮箱与机械停止装置的碰撞时起到缓冲作用，以避免造成进一步伤害。阻尼器一般为有一定弹性的透明尼龙护套。阻尼器的检查活动需要使用标准工具包。具体工作流程如下：

1. 准备工作

准备标准工具包，在进入机器人工作区域前必须关闭机器人的所有电力、液压和气压的供给。

2. 检查实施

检查过程中需要按照图 8-4、图 8-5 所示位置检查所有的阻尼器是否出现裂纹、是否有深度超过 1 mm 的印痕，以及阻尼器的所有连接螺钉是否变形。

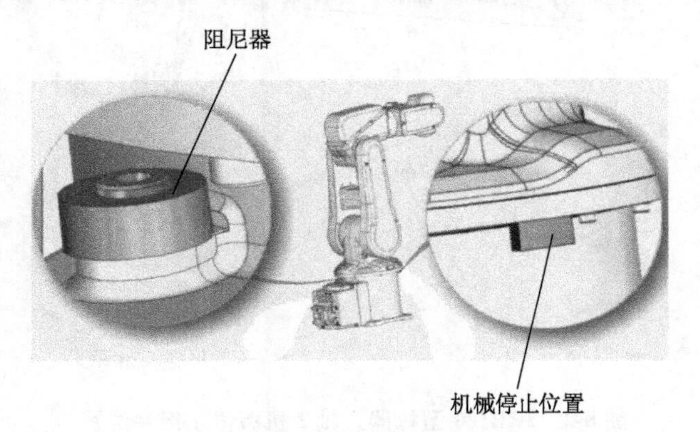

图 8-4　IRB120 型机器人轴 1 阻尼器位置

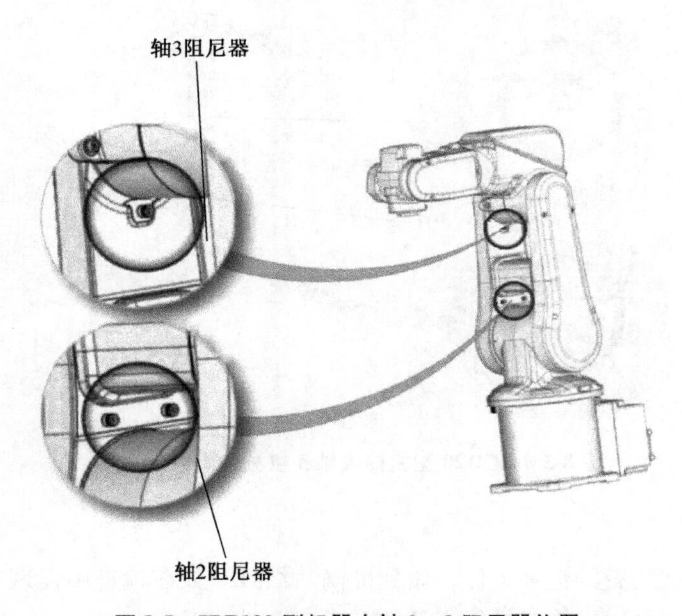

图 8-5　IRB120 型机器人轴 2，3 阻尼器位置

3. 问题处理

确保做好每次检查的记录工作，做到准确、细致。如在检查中发现任何损坏，则必须更换全新阻尼器组件。

四、检查机器人同步带

IRB120 型机器人作为 6 轴关节机器人，电机与齿轮箱之间的传动分为两种情况：轴 1，2，4，6 为电机与齿轮箱直接连接；轴 3 与轴 5 则通过同步（皮）带实现运动传动。如要检查同步带，则需要拆卸下臂盖和手腕侧盖，因此操作过程中需要标准工具包。为了保证机器人动作精确性，对同步带的张力有比较严格的要求：

轴 3 的同步带张力指标要求：新皮带 $F=18\sim19.7$ N；旧皮带 $F=12.5\sim14.3$ N。

轴 5 的同步带张力指标要求：新皮带 $F=7.6\sim8.4$ N；旧皮带 $F=5.3\sim6.1$ N。

1. 准备工作

进入工作区域前为确保人机安全，必须要关闭机器人的所有电源、液压源和气压源。

2. 检查实施

① 拆卸下臂盖和手腕侧盖，可参考图 8-6 和图 8-7 所示完成操作；

② 检查同步带是否有磨损、开裂等损坏现象；

③ 检查同步皮带轮是否损坏；

④ 检查皮带张力是否在允许范围。

3. 问题处理

确保做好每次检查的记录工作，做到准确、细致。如在检查中发现同步皮带有磨损、开裂等损坏现象则必须予以更换；如发现皮带张力不在允许范围则进行必要调整。

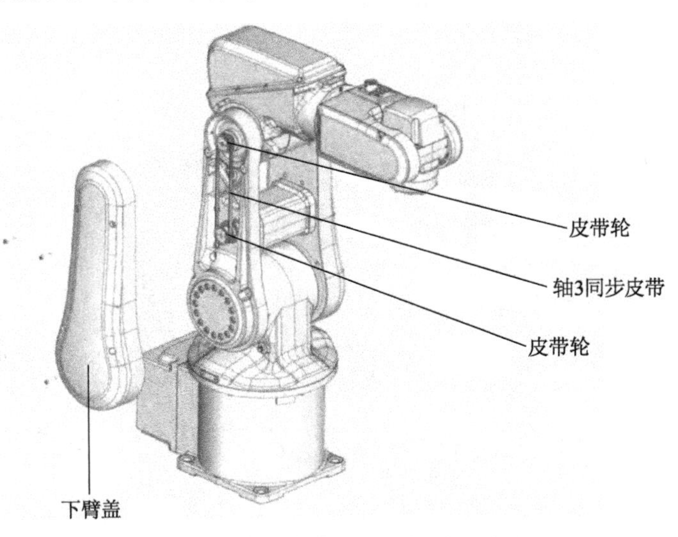

图 8-6　IRB120 型机器人轴 3 同步皮带检查

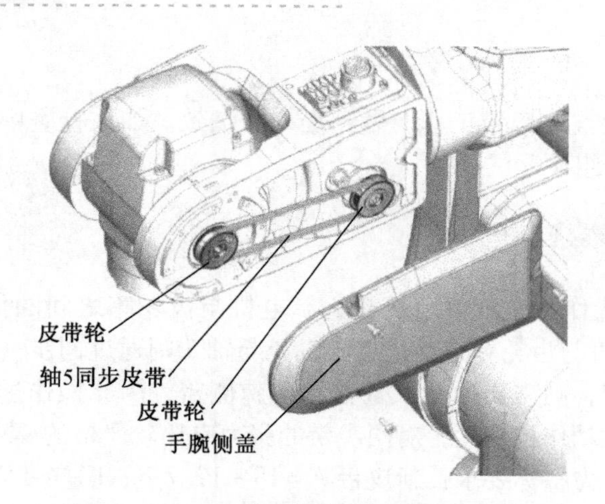

图 8-7　IRB120 型机器人轴 5 同步皮带检查

五、检查塑料盖（壳体）

检查对象机器人包括所有塑料壳盖，主要有下臂盖 2 片、手腕侧盖 2 片、壳盖 1 片、倾斜盖 1 片。因检查活动需要拆装壳体，所以需要准备标准工具包。检查活动的主要流程如下：

1. 准备工作

进入工作区域前为确保人机安全，必须要关闭机器人的所有电源、液压源和气压源。

2. 检查实施

① 参照图 8-8 依次拆卸所有塑料壳盖，如对各部件位置不熟可以在拆卸时贴标签以便于检查后正确装配，对于清洁型机器人需要用小刀切割漆层并打磨漆层毛边；

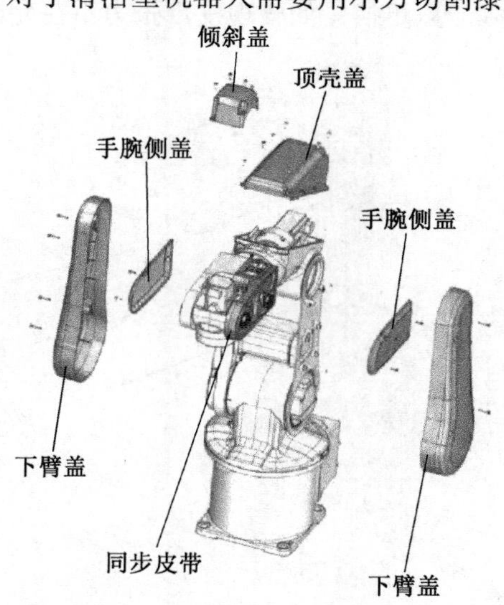

图 8-8　IRB120 型机器人塑料壳盖装配图

② 检查各个塑料盖、壳是否有裂纹、缺损等各种类型的损坏现象。

3. 问题处理

如无问题则将各组件装配回原位，如有破损则更换备件。如机器人工作环境对机器人的防水、防尘要求较高，则在完成装配后需要用密封剂或机器人涂装同类漆料修补接缝位置，以恢复相应的防护等级。

任务三　机器人系统更换与清洁活动实施

对机器人维护活动而言，涉及部件更换一般只要求了解如何更换齿轮箱的润滑油和熟练掌握 SMB 电池组更换等内容。完成机器人维护活动除了检查、更换外还需要按照规定对机器进行定期清洁。

一、更换齿轮箱润滑油

更换齿轮箱润滑的操作不建议初学者独立完成，详细操作过程在此不做详细介绍，如有需要可以在充分了解所需润滑油类型及用法、用量和相关工具的情况下，在专业人员指导下完成。根据操作手册要求，ABB 建议在开始任何检查、维护或更换润滑油操作前，务必联系当地 ABB 技术服务部门以获得最新信息。所需工具除标准工具包外还需要带气泵分油器。

更换前还要确定各轴齿轮箱的位置，IRB120 型机器人齿轮箱位置可参考图 8-9。

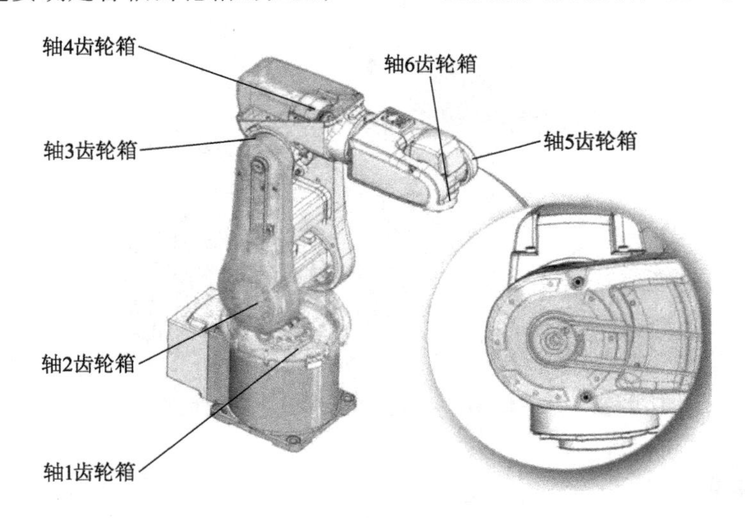

图 8-9　IRB120 型机器人齿轮箱位置

二、更换电池组

机器人在关掉主电源后，6 个轴的位置数据是由电池提供电能进行保存的，所以在电池耗尽前必须要予以更换，否则会导致位置数据断电丢失。

1. 准备工作

首先使用手动操纵方式，让机器人 6 个轴回到机械原点刻度位置（可参考前面转数计数器更新中的相关内容）。然后在进入工作区域前要关闭机器人的所有电源、液压源和气压源，拔下电源、数据、气管接头。

2. 电池组拆卸

① 拆卸清洁型机器人的部件前，首先要用小刀切割漆层并打磨漆层毛边；

② 参考图 8-10 所示位置，卸下连接螺栓后拆卸机器人底座盖；

③ 断开电池电缆与编码器接口电路板的连接；

④ 切断电缆扎带；

⑤ 卸下旧电池组。

3. 安装新电池组

① 对于清洁型机器人，首先要清洁部件接缝位置；

② 参考图 8-10 用电缆扎带固定电池组到指定位置；

③ 将电池电缆与编码器接口电路板相连；

④ 用连接螺钉将底座盖重新安装到机器人上；

⑤ 对于清洁型机器人，对部件接缝进行密封和涂漆处理；

⑥ 参考前面项目相关内容完成转数计数器更新。

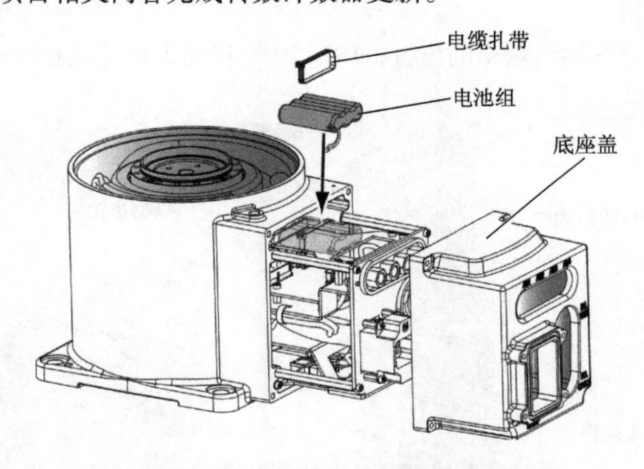

图 8-10　IRB120 型机器人 SMB 电池组位置

三、清洁活动实施

为保证有较长的正常运行时间，请务必定期清洁 IRB120。清洁的时间间隔取决于机器人工作的环境。根据 IRB120 的不同防护类型，可采用不同的清洁方法。清洁之前务必确认机器人的防护类型。

1. 准备工作

① 进入工作区域前为确保人机安全，必须要关闭机器人的所有电源、液压源和气压源。

② 清洁前，务必先检查是否所有保护盖都已安装到机器人上。

2. 清洁活动

① 参考表 8-3 中规定，根据表格内容选取不同类型机器人的清洁方法。

② 用布擦拭机器人本体，对于食品级机器人的清洁要确保清洁后没有液体流入机器人或滞留在机器人本体表面及接缝中。

③ 清洁可移动电缆时需要清除砂、灰等妨碍电缆移动的废弃物，如电缆上附着有干性脱模剂等材料形成的硬皮也需要清理掉。

表 8-3　不同类型机器人允许清洁方法

序号	防护类型	清洁方法			
		真空吸尘器	软布擦拭	水冲洗	高压或蒸汽
1	标准型	是	是，可使用少量清洁剂	否	否
2	清洁型	是	是，可使用少量清洁剂、乙醇或异丙醇酒精	否	否

3. 注意事项

① 切勿使用压缩空气清洁机器人。

② 切勿使用未获机器人生成厂商批准的溶剂清洁机器人。

③ 清洁机器人之前，切勿卸下任何保护盖或其他保护设备。

项目拓展

IRC5 机器人控制系统故障排除

工业机器人系统的核心是控制系统，ABB 机器人采用的是 IRC5 控制系统，IRB120 型机器人控制系统一般情况下与示教器配合使用。机器人系统的故障可分为两类：内置诊断系统检测到的故障（可通过事件日志查询）和内置诊断系统未检测出的故障。

一、故障排除的两种情况

1. 有错误信息显示的故障

IRC5 控制系统中带有诊断软件，以简化故障排除并缩短停机时间，而诊断系统检测到的错误会显示在示教器（FlexPendant）上，并赋予代码编号。所有系统和错误消息都保存在公共日志文件中。此文件只保存最近的 150 条消息。操作者可以通过示教器的状态栏访问日志文件。

IRC5 支持三种类型的事件日志信息：

（1）Information

它用于将信息记录到事件日志中，但是并不要求用户进行任何特别操作，信息类消息不会在控制器的显示设备前台显示。

（2）Warning

它用于提醒用户系统上发生了某些无须纠正的事件，操作会继续。这些消息会保存在事件日志中，但不会在显示设备上前台显示。

（3）Error

表示系统出现了严重错误，操作已经停止，需要用户立即采取行动。

2. 无错误信息显示的故障

出现故障时，示教器上没有错误消息提示。诊断系统无法检测这些故障，需要用其他的方法进行处理。在很大程度上，故障的类型取决于观察故障迹象的方式，因此这种情况需要按故障症状进行排除或者是按功能单元进行故障排除，具体可以参照 IRC5 的故障排除手册。

二、故障排除的策略

1. 隔离故障

任何故障都会引起许多症状，对它们可能会创建也可能不会创建错误事件日志消息。为了有效地消除故障，辨别原发症状和继发性症状很重要。在故障排除期间所检查的内容很大程度上取决于故障发生时：机器人是否刚全新安装、最近是否修理过。因此，查询历史故障记录会给故障排除人员提供巨大的帮助。故障情况日志具有以下优点：

① 可以让排除故障者看到原因和结果的规律，这些规律在每个单独的错误中可能并不明显。

② 可指出在故障出现之前发生的特定事件，例如正在运行的工作周期的某一部分。

2. 将故障链拆分

在对任何系统进行故障排除时，最好是将故障链拆分。这意味着：需要建立标识完整的链，同时还要在链的中间确定和测量预期值，参考此预期值确定哪一部分造成该故障；然后将这一部分拆分，以此类推；最后，可能需要隔离一个组件、有故障的部件。

3. 选择通信参数和电缆

串行通信中最常见的错误原因为：有故障的电缆（如发送和接收信号相混）、传输率（波特率）、不正确设置的数据宽度。

4. 检查软件版本

因某些版本与某些硬件组合不兼容，所以需要确保 RobotWare 和系统运行的其他软件的版本正确。另外，如果无法判断故障，至少要学会如何将一个完整的错误报告提交给官方维修人员以获得帮助。

三、机器人返回路径

程序运行时，机器人或附加轴被视为在路径上，这意味着它必须遵循特定的位置顺序。如果停止程序，除非人为更改它的位置，否则机器人仍会留在路径上。如果通

过紧急停止或安全停止功能停止机器人，也可能导致机器人脱离路径。如果停止的机器人位于路径返回区域，则可以重新启动程序，机器人将返回路径并继续执行程序，但是无法精确预测机器人的返回移动情况。

（1）返回路径

切断机器人电机的电源往往会导致机器人编程路径的丢失。非受控的紧急停止或安全停止也可能导致路径丢失。机器人的允许滑移距离由系统参数配置。该距离因操作模式的不同而不同。如果机器人不在设置的允许距离内，操作人员可以将机器人返回到编程路径，也可以定位到路径中的下一个编程点，然后程序会自动以程序中编辑的速度继续执行。

（2）选择动作

系统在显示 Regain Request（恢复请求）对话框时，会提供 3 种动作选择：如果要返回到路径并继续运行程序则选择“是”；如果要返回到下一目标位置并继续执行程序选择“否”；不想继续运行程序，则选择“取消”。

项目小结

机器人必须定期维护，以确保其功能正常发挥。机器人系统维护需要以维护计划为基础，维护计划中的主要内容包括维护时间间隔（周期）和维护内容两部分。要制订完善的维护计划需要做好必要的准备工作，包括必须掌握相关安全信息、准备必需的标准工具包、确定各项维护活动的时间间隔（周期）参考依据。

开展有效系统维护工作必须要先制订维护计划。维护计划的制订要根据机器人各个功能模块的工作方式、使用寿命、工作条件等方面综合考虑，维护活动一般涉及检查、更换和清洁三种活动，其他型号甚至是其他品牌工业机器人的维护计划也基本类似。

依照维护计划开展各项维护活动。对日常维护而言，检查活动的工作比重最大、项目相应也最多，可以看作维护活动的主要工作内容。检查活动包括检查机器人布线、机械停止、阻尼器、同步带、塑料盖（壳体）等。各个环节的具体内容与所开展项目内容密切相关，每个项目的检查流程都可以概括为准备工作、检查实施和问题处理。

机器检查维护活动涉及的部件更换一般只要求了解如何更换齿轮箱的润滑油和熟练掌握 SMB 电池组更换等内容。另外，完成机器人维护活动除了检查、更换外还需要按照规定对机器进行定期清洁。

思考与练习

1. 简述工业机器人维护计划中关于维护、检查时间间隔（周期）的规定分为哪几种情况。

2. 参考项目中相关知识及 IRB120 型机器人操作手册，制订一个合理的维护计划。

3. 完成 KUKA 机器人与 ABB 机器人应用优势领域对比分析调研报告，字数要求 1 000 ~1 500 字。

参考文献

[1] 郭洪红．工业机器人技术[M].3版．西安：西安电子科技大学出版社，2016.

[2] 兰虎．工业机器人技术及应用[M]．北京：机械工业出版社，2014.

[3] 叶晖，管小清．工业机器人实操与应用技巧[M]．北京：机械工业出版社，2010.

[4] 叶晖．工业机器人工程应用虚拟仿真教程[M]．北京：机械工业出版社，2013.

[5] ABB产品手册：IRB120. 文档编号：3HAC035728－010，修订：L.

[6] ABB操作员手册：RobotStudio. 文档编号：3HAC032104－010，修订：R.

[7] ABB操作员手册：带FlexPendant的IRC5. 文档编号：3HAC050941－010，修订：B.

[8] ABB技术参考手册：RAPID语言概览．文档编号：3HAC050947－010，修订：C.

[9] ABB技术参考手册：RAPID指令、函数和数据类型．文档编号：3HAC050917－010，修订：C.